출발의 습관은 수능날까지 계속됩니다.
형식적인 상담이나
관리하고 있다는 모습만 보이거나
학습에 전혀 도움이 되지 않는
보여주기식의 모든 것을 배척합니다.

쓸모없는 강좌와 할 수 없는 계획을 강요하거나
무모한 혹은 무리한 스케줄로
1년의 출발을 무의미하게 하지 않습니다.
형식은 모방해도 내용은 모방할 수 없습니다.

개인의 능력을 극대화 시킬 모든 계획이 오르비학원에 있습니다.

랑데뷰 폴포 수학II

랑데뷰 시리즈 소개

랑데뷰 세미나

저자의 수업노하우가 담겨있는
고교수학의 심화개념서

랑데뷰 기출과 변형 (총 5권)

- 1~4등급 추천(권당 약400~600여 문항)

Level 1 - 평가원 기출의 쉬운 문제 난이도
Level 2 - 준킬러 이하의 기출+기출변형
Level 3 - 킬러난이도의 기출+기출변형

모든 기출문제 학습 후 효율적인 복습
재수생, 반수생에게 효율적

랑데뷰N제 시리즈

라이트N제 (총 3권)

- 2~5등급 추천

수능 8번~13번 난이도로 구성

총 30회분의 시험지 타입
- 회차별 공통 5문항, 선택 각 2문항
 총 11문항으로 구성

독학용 일일학습지
또는 과제용으로 적합

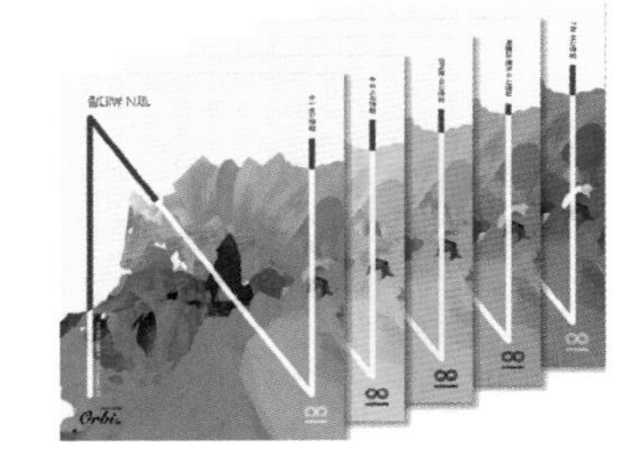

랑데뷰N제 쉬사준킬

- 1~4등급 추천(권당 약 240문항)

쉬운4점~준킬러 문항 학습에 특화
실전개념 및 스킬 등이 포함된
문제와 해설로 구성

기출문제 학습 후 독학용
또는 학원교재로 적합

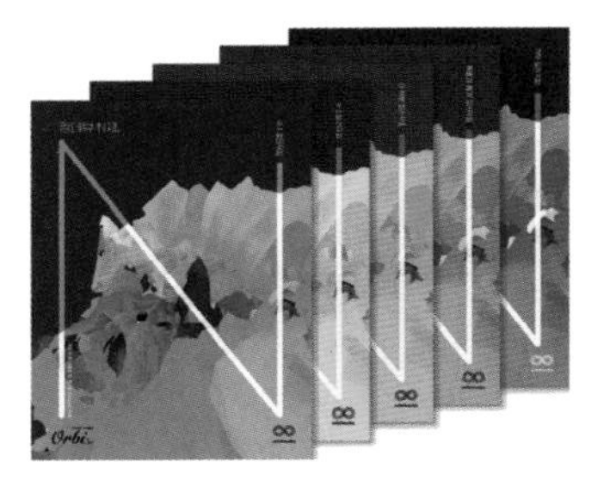

랑데뷰N제 킬러극킬

- 1~2등급 추천(권당 약 120문항)

준킬러~킬러 문항 학습에 특화
실전개념 및 스킬 등이 포함된
문제와 해설로 구성

모의고사 1등급 또는 1등급 컷에
근접한 2등급학생의 독학용

랑데뷰 모의고사 시리즈 1~4등급 추천

싱크로율 99% 모의고사

싱크로율 99%의 변형문제로 구성되어
평가원 모의고사를 두 번 학습하는 효과

랑데뷰☆수학모의고사 시즌1~3
어썸&랑데뷰 모의고사

매년 8월에 출간되는 봉투모의고사

실전력을 높이기 위한
100분 풀타임 모의고사 연습에 적합

랑데뷰 폴포 수학1, 2 NEW!!

- 1~3등급 추천(권당 약 120문항)

공통영역 수1,2에서 출제되는
4점 유형 정리

과목당 엄선된 6가지 테마로 구성
테마별 고퀄리티 20문항

독학용 또는 학원교재로 적합

랑데뷰 시리즈는 **전국 서점** 및 **인터넷 서점**에서 구입이 가능합니다.

RENDEZVOUS

CONTENTS

Fighting !

집필진의 한마디

계속 하다보면 익숙해지고 익숙해지면 쉬워집니다.	혁신청람수학 안형진T
해뜨기전이 가장 어둡잖아. 조금만 힘내자!	한정아수학교습소 한정아T
남을 도울 능력을 갖추게 되면 나를 도울 수 있는 사람을 만나게 된다.	최성훈수학학원 최성훈T
넓은 하늘로의 비상을 꿈꾸며	장선생수학학원 장세완T
부딪혀 보세요. 아직 오지 않은 미래를 겁낼 필요 없어요.	평촌다수인수학학원 도정영T
“기죽지마, 걱정하지마, 넌 잘될 거야! 그만큼 노력했으니까”	반포파인만 고등부 김경민T
지금 잠을 자면 꿈을 꾸지만 지금 공부 하면 꿈을 이룬다.	이미지매쓰학원 정일권T
Step by step! 앞으로 여러분이 겪게 될 모든 경험들이 발판이 되어 더 나은 내일을 만들어 나갈 것입니다.	가나수학전문학원 황보성호T
1등급을 만드는 특별한 습관 랑데뷰수학으로 만들어 드립니다.	이지훈수학 이지훈T
지나간 성적은 바꿀수 없지만 미래의 성적은 너의 선택으로 바꿀 수 있다. 그렇다면 지금부터 열심히 해야 되는 이유가 충분하지 않은가?	칼수학학원 강민구T
작은 물방울이 큰바위를 뚫을수 있듯이 집중된 노력은 수학을 꿰뚫을수 있다.	제우스수학 김진성T
자신과 타협하지 않는 한 해가 되길 바랍니다.	답길학원 서태욱T
무슨 일이든 할 수 있다고 생각하는 사람이 해내는 법이다.	대전오엠수학 오세준T
'콩 심은데 콩나고, 팥 심은데 팥난다.'	이호진고등수학 이호진T
Excelsior : 더욱 더 높이!	메가스터디 김가람T
자신의 능력을 믿어야 한다. 그리고 끝까지 굳세게 밀고 나가라"	오라클 수학교습소 김 수T
부족한 2% 채우려 애쓰지 말자. 랑데뷰와 함께라면 저절로 채워질 것이다.	김이김학원 이정배T
진인사대천명(盡人事待天命) : 큰 일을 앞두고 사람이 할 수 있는 일을 다한 후에 하늘에 결과를 맡기고 기다린다.	수학만영어도학원 최수영T
네가 원하는 꿈과 목표를 위해 최선을 다 해봐! 너를 응원하고 있는 사람이 꼭 있다는 걸 잊지 말고~	매천필즈수학원 백상민T
'새는 날아서 어디로 가게 될지 몰라도 나는 법을 배운다'는 말처럼 지금의 배움이 앞으로의 여러분들 날개를 펼치는 힘이 되길 바랍니다.	가나수학전문학원 이소영T
이 책으로 공부하는 동안 여러분에게 뜻 깊은 시간이 되길 바랍니다.	최병길T
노력에 한계를 두고서 재능에서 한계를 느꼈다고 말한다. 스스로 그은 한계선을 지워라.	샤인수학학원 조남웅T
많은 사람들은 재능의 부족보다 노력의 부족으로 실패한다.	최혜권T
하기싫어도 하자. 감정은 사라지고 결과는 남는다.	오름수학 장선정T
1퍼센트의 가능성,그것이 나의 길이다 -나폴레옹	MQ멘토수학 최현정T
너의 열정을 응원할게	진성기숙학원 김종렬T
랑데뷰와 함께. 2025 수능수학 100점 향해 갑시다.	오정화SNU수학전문 오정화T
꿈을향한 도전! 마지막까지 최선을...	서영만학원 서영만T
앞으로 펼쳐질 너의 찬란한 이십대를 기대하며 응원해. 이 시기를 잘 이겨내길	굿티쳐강남학원 배용제T
착실한 기본기 연습이 실전을 강하게 만든다.	장정보수학학원 함상훈T
힘들고 지칠 때 ‘한 걸음만 더’라는 생각이 변화의 시작입니다. 노력하는 여러분들을 응원하겠습니다.	휴민고등수학 김상호T
괜찮아 잘 될 거야! 너에겐 눈부신 미래가 있어!! 그대는 슈퍼스타!!!	수지 수학대가 김영식T

RENDEZVOUS

함수의 극한의 활용

001

그림과 같이 실수 t $(0 < t < 1)$에 대하여 곡선 $y = -x^2 + 4$ 위의 점 중에서 직선 $y = 2tx + 5$와의 거리가 최소인 점을 P라 하고, 곡선 $y = -x^2 + 4$의 꼭짓점을 Q라 할 때, 직선 PQ가 직선 $y = 2tx + 5$와 만나는 점을 R라 할 때, $\lim_{t \to 1-} \frac{\overline{PR}}{1-t}$의 값은? [4점]

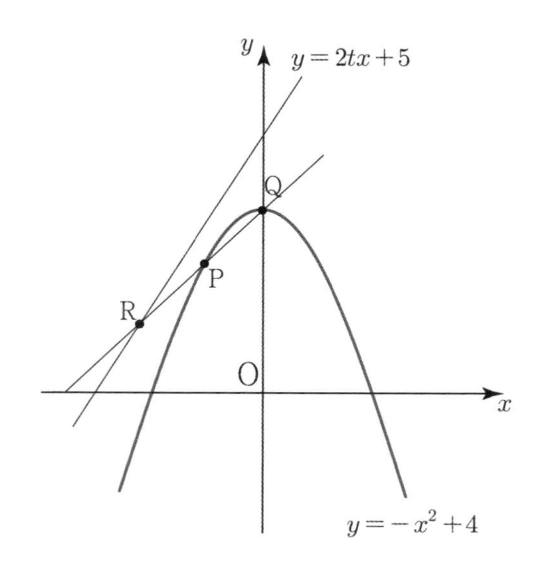

① $\sqrt{2}$ ② 2 ③ $\sqrt{6}$ ④ $2\sqrt{2}$ ⑤ $\sqrt{10}$

002

그림과 같이 함수 $y=-\frac{1}{4}x^2+4$와 직선 $l : x+y=5$는 점 A에서 만난다. 직선 l 위의 점 $\mathrm{P}(t,\ 5-t)(t<2)$에 대하여 점A에서 직선 BP에 내린 수선의 발을 H라 하자. 삼각형 AHP의 넓이를 $S(t)$라 할 때, $\lim_{t\to 2-}\frac{S(t)}{(2-t)^3}$의 값은? (단, 점B의 좌표는 $(-1,\ 0)$이다.) [4점]

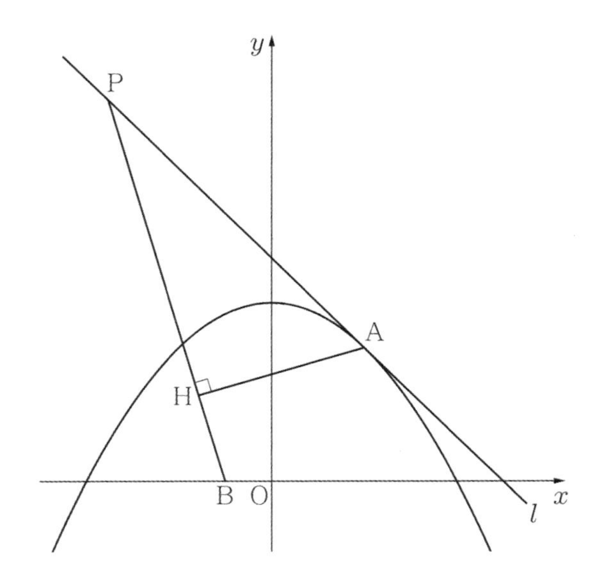

① $\frac{1}{6}$　② $\frac{1}{3}$　③ $\frac{1}{2}$　④ $\frac{2}{3}$　⑤ $\frac{5}{6}$

003

그림과 같이 실수 t $(t>0)$에 대하여 곡선 $y=x^2+2tx-t$이 y축과 만나는 점을 P, 직선 $y=2x$와 만나는 두 점을 A, B라 하자. 삼각형 PAB의 넓이를 $S(t)$라 할 때, $\lim_{t \to 0+} \frac{S(t)}{t}$의 값은? [4점]

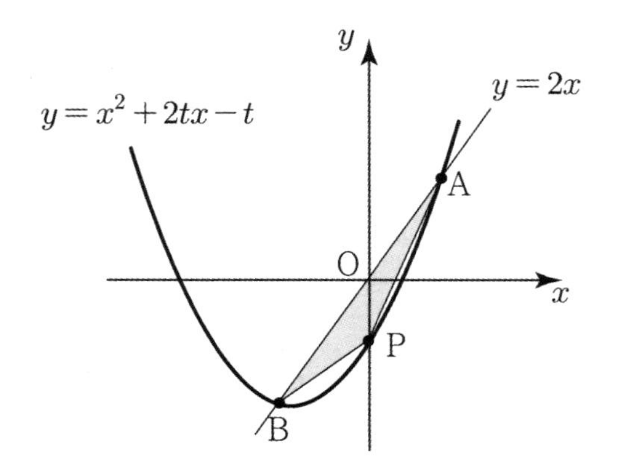

① $\frac{1}{2}$　　② 1　　③ $\frac{3}{2}$　　④ 2　　⑤ $\frac{5}{2}$

004

양수 n에 대하여 곡선 $y=-x^4+n^2x^2$ 위의 두 점 $\mathrm{P}_n(-n,\ 0)$, $\mathrm{Q}_n(n,\ 0)$에서의 두 접선의 교점을 R_n이라 하자. 두 직선 $\mathrm{P}_n\mathrm{R}_n$, $\mathrm{Q}_n\mathrm{R}_n$와 곡선 $y=-x^4+n^2x^2$으로 둘러싸인 부분의 넓이를 S_n이라 하자. $\lim_{n\to\infty}\frac{S_n}{n\times\left(\overline{\mathrm{P}_n\mathrm{R}_n}+\overline{\mathrm{Q}_n\mathrm{R}_n}\right)}$의 값은? [4점]

① $\frac{1}{3}$ ② $\frac{11}{30}$ ③ $\frac{2}{5}$ ④ $\frac{13}{30}$ ⑤ $\frac{7}{15}$

005

실수 $t>0$에 대하여 곡선 $y=-x^2+3x$와 직선 $y=tx$이 만나는 두 점 중 원점이 아닌 점을 A라 하고, 점 A를 지나고 x축에 수직인 직선이 x축과 만나는 점을 B라 하자. 이 때 곡선 $y=-x^2+3x$와 직선 $y=tx$로 둘러싸인 도형의 넓이를 $S(t)$, 삼각형 OAB의 넓이를 $R(t)$라 하자. $\lim_{t \to 3-} \frac{27S(t)}{(3-t)R(t)}$의 값을 구하시오. (단, O는 원점이다.) [4점]

006

최고차항의 계수가 1이고 $\mathrm{A}(1,\ 0)$에서 x축과 접하는 삼차함수 $f(x)$가 $\mathrm{P}\left(t,\ (t-1)^2\right)$를 지난다. 함수 $y=f(x)$의 그래프가 y축과 만나는 점을 Q라 할 때, $\lim_{t \to \infty} \frac{\overline{\mathrm{PQ}}}{\overline{\mathrm{AQ}}^2}$ 의 값을 구하시오. (단, $t \neq 1$) [4점]

007

그림과 같이 양수 t에 대하여 직선 $y=tx$와 곡선 $y=x^2-2x$가 만나는 점 중 원점이 아닌 점을 A라 하자. 점 A를 지나고 x축에 평행한 직선이 곡선 $y=x^2-2x$와 만나는 점 중 A가 아닌 점을 B라 하고, 점 B에서 직선 $y=tx$에 내린 수선의 발을 H라 하자. $\lim_{t\to\infty}\{\overline{AH}(t+1)-\overline{AB}\}$의 값은? [4점]

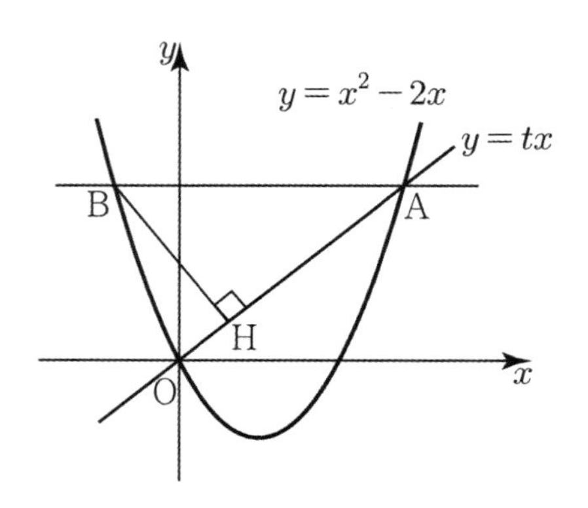

① 1　② 2　③ 3　④ 4　⑤ 5

008

양수 a에 대하여 곡선 $y=x^3+3x+a$ 위의 점 $\mathrm{P}(t,\ f(t))$에서 접선을 l_1, 점 $\mathrm{P}(t,\ f(t))$을 지나고 접선 l_1과 수직인 직선을 l_2라 하자. 접선 l_1이 원점 O을 지날 때 l_2가 x축과 만나는 점을 A, y축과 만나는 점을 B라 하자. 이때, 삼각형 OAP의 넓이를 $S_1(t)$, 삼각형OBP의 넓이를 $S_2(t)$라 할 때, $\lim_{t\to 0}\frac{S_2(t)}{S_1(t)}$의 값은? [4점]

① $\frac{1}{7}$　　② $\frac{1}{8}$　　③ $\frac{1}{9}$　　④ $\frac{1}{10}$　　⑤ $\frac{1}{11}$

009

그림과 같이 직선 $l: y=x-1$, 곡선 $C: y=x^2$이 주어져 있다. 직선 l위의 임의의 점 $\mathrm{P}(k,\ k-1)$에서 곡선 C에 그은 두 접선의 접점을 $\mathrm{Q}(\alpha,\ \alpha^2)$, $\mathrm{R}(\beta,\ \beta^2)$ $(\alpha<\beta)$라 하자. 곡선 C와 두 선분 PQ, PR로 둘러싸인 도형의 넓이를 S라 하고, $\dfrac{S}{\beta-\alpha}$의 최솟값은? [4점]

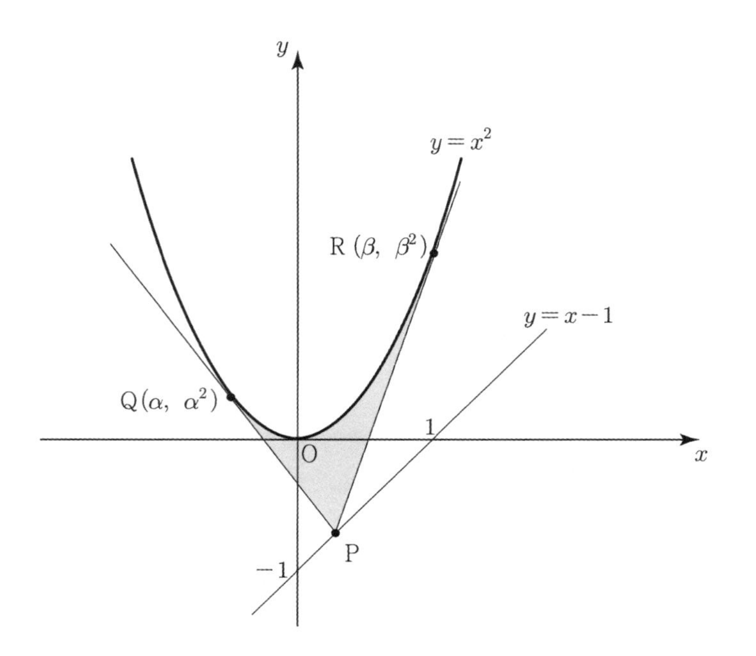

① $\dfrac{1}{4}$　② $\dfrac{1}{3}$　③ $\dfrac{4}{9}$　④ $\dfrac{1}{2}$　⑤ $\dfrac{11}{18}$

010

그림과 같이 곡선 $y=\sqrt{x}$ 위의 점 중 제1사분면에 있는 점 A를 지나고 x축에 평행한 직선이 $y=-x+5$와 만나는 점을 B라 할 때, 삼각형 OAB의 넓이의 최댓값은? (단, O는 원점이고 점 A의 x좌표는 점 B의 x좌표보다 작다.) [4점]

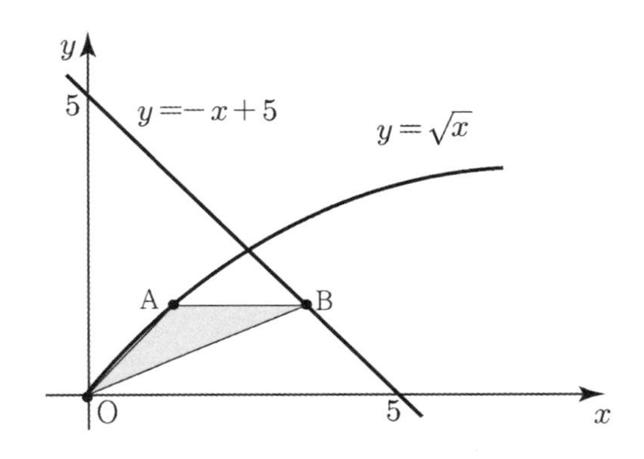

① $\sqrt{2}$　　② $\frac{3}{2}$　　③ $\sqrt{3}$　　④ 2　　⑤ $\frac{5}{2}$

011

최고차항의 계수가 1이고 $\mathrm{A}(-1,\ 0)$에서 x축에 접하는 삼차함수 $f(x)$가 $\mathrm{P}\left(t,\ (t+1)^2\right)$를 지난다. 함수 $y=f(x)$의 그래프가 y축과 만나는 점을 Q라 할 때,

$\displaystyle\lim_{t\to\infty}\frac{\overline{\mathrm{AP}}-(t+1)\overline{\mathrm{AQ}}}{t}$ 의 값은? (단, $t\neq-1$) [4점]

① 1 ② 2 ③ 3 ④ 4 ⑤ 5

012

최고차항의 계수가 1인 삼차함수 $f(x)$가 모든 실수 x에 대하여 $f(-x)+f(x)=0$을 만족시키고 점 $\mathrm{A}(a,\ 0)$을 지난다. 함수 $y=f(x)$의 그래프 위의 점 A에서의 접선이 y축과 만나는 점을 B라 할 때, $\mathrm{C}(-a,\ 0)$에 대하여 함수 $y=f(x)$의 그래프와 두 선분 AB, BC로 둘러싸인 부분의 넓이를 $S(a)$라 하자. $\lim_{a \to \infty} \frac{S(a)}{a^4+1}$의 값을 구하시오. (단, $a>0$)

[4점]

013

양수 a 에 대하여 곡선 $y=x^2$ 위의 점 $\mathrm{A}(a,\ a^2)$ 을 지나고, 점 A 에서 접선에 수직인 직선 l 의 y 절편을 B 라 하고, 점 A 에서 y 축에 내린 수선의 발을 C 라 하자. 곡선 $y=x^2$ $(x \geq 0)$과 직선 l, y 축으로 둘러싸인 부분의 넓이는 삼각형 ABC 넓이의 25 배일 때, a 의 값은? [4점]

① $\frac{8}{3}$ ② 3 ③ $\frac{10}{3}$ ④ $\frac{11}{3}$ ⑤ 4

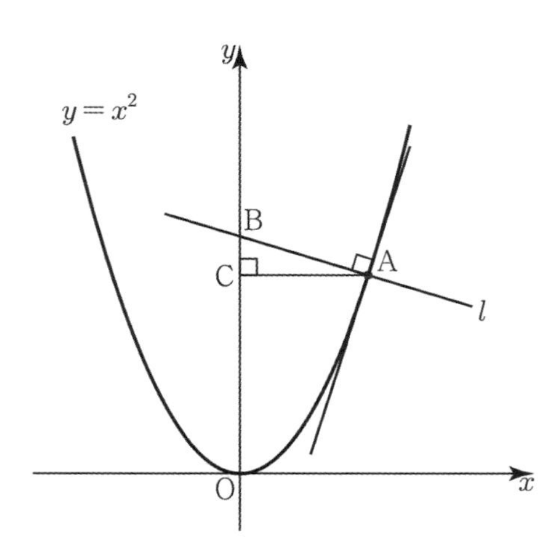

014

그림과 같이 곡선 $y=x^2$ 위의 점 $\mathrm{P}(t,\ t^2)\,(t>0)$을 지나며 직선 OP에 수직인 직선을 l이라 하고, y축과의 교점을 Q라 할 때, △OPQ의 내접원의 반지름을 $r(t)$이다.

$\lim_{t \to \infty} \frac{r(t)}{t}$의 값은? (단, O는 원점이다.) [4점]

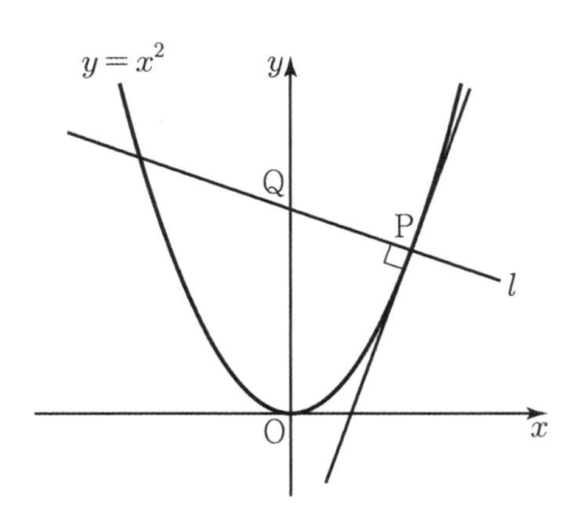

① $\frac{1}{2}$ ② 1 ③ $\sqrt{2}$ ④ $2\sqrt{2}$ ⑤ 4

015

그림과 같이 길이가 2인 선분 AB를 지름으로 하는 반원이 있다. 선분 AB와 평행하고 길이가 $t(0<t<2)$인 현 PQ와 선분 AB 위의 점 C에 대하여 삼각형 CPQ의 넓이를 $S(t)$라 하자. $\lim_{t \to 2-} \frac{S(t)}{\sqrt{2-t}}$의 값은? [4점]

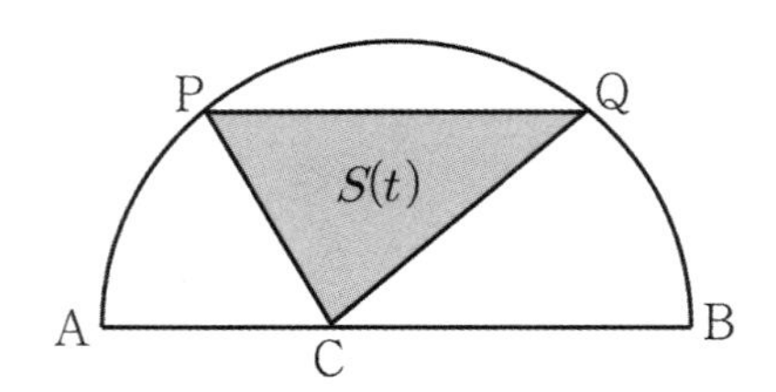

① 2　② 1　③ $\frac{1}{2}$　④ $\frac{1}{4}$　⑤ $\frac{1}{8}$

016

양의 실수 t에 대하여 곡선 $y=-x^2+t^2$과 기울기가 -1인 직선 l이 서로 다른 두 점 A, B에서 만난다. 선분 AB의 길이가 $2t$가 되도록 하는 직선 l의 y절편을 $f(t)$라 할 때, $\lim_{t \to \infty} \frac{f(t)}{t^2}$의 값은? [4점]

① $\frac{1}{2}$　② 1　③ $\frac{3}{2}$　④ 2　⑤ $\frac{5}{2}$

017

그림과 같이 곡선 $y=\sqrt{x}$ 위의 원점이 아닌 점 P 에서 이 곡선에 접하고 지름이 x 축의 양의 부분에 놓인 중심이 Q 인 반원이 있다.

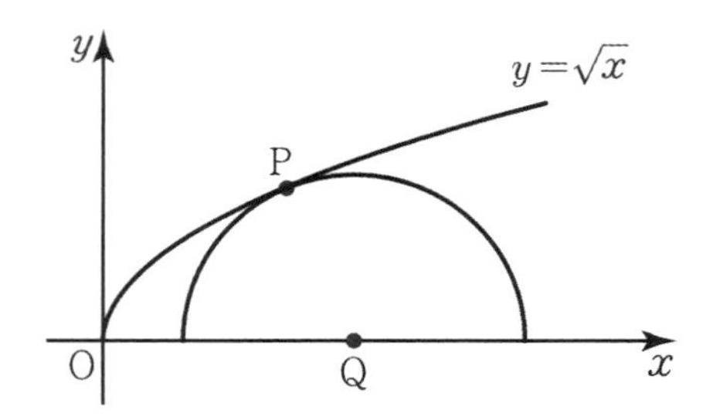

점 P 의 x좌표를 t, 점 Q 의 x좌표를 α라 할 때, $\lim_{t \to 0+} \alpha$의 값은? [4점]

① $\frac{1}{4}$ ② $\frac{3}{8}$ ③ $\frac{1}{2}$ ④ $\frac{5}{8}$ ⑤ $\frac{3}{4}$

018

그림과 같이 곡선 $y=\frac{1}{2}x^2$ 위의 제1사분면위의 점 P에 대하여 선분 OP의 수직이등분선과 y축과의 교점을 Q라 하자. 점 P의 x좌표를 a, 점 Q의 y좌표를 b라 할 때, $\lim_{a\to 0+} b$의 값은? (단, O는 원점이다.) [4점]

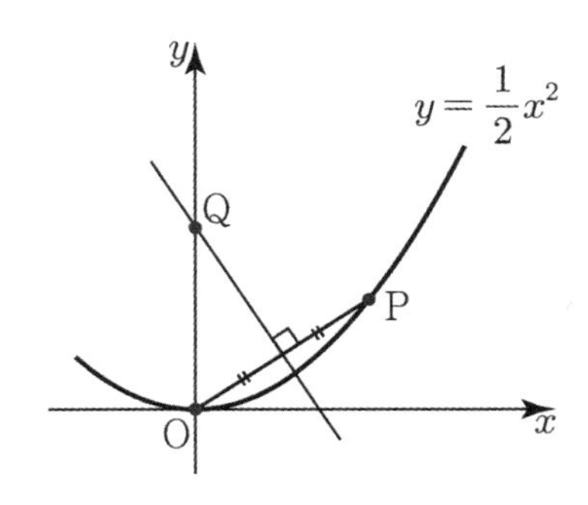

① $\frac{1}{32}$ ② $\frac{1}{16}$ ③ $\frac{1}{4}$ ④ $\frac{1}{2}$ ⑤ 1

019

그림과 같이 점 $\mathrm{P}(t,\ 0)\ (t>0)$을 지나고 x축에 수직인 직선이 곡선 $y=\sqrt{x}$과 만나는 점을 Q라 하자. 원점 O를 중심으로 하고 선분 OQ를 반지름으로 하는 원이 y축의 양의 방향과 만나는 점을 R라 할 때, $\lim_{t\to\infty}(\overline{\mathrm{PR}}-\sqrt{2}\,\overline{\mathrm{OP}})$의 값은? [4점]

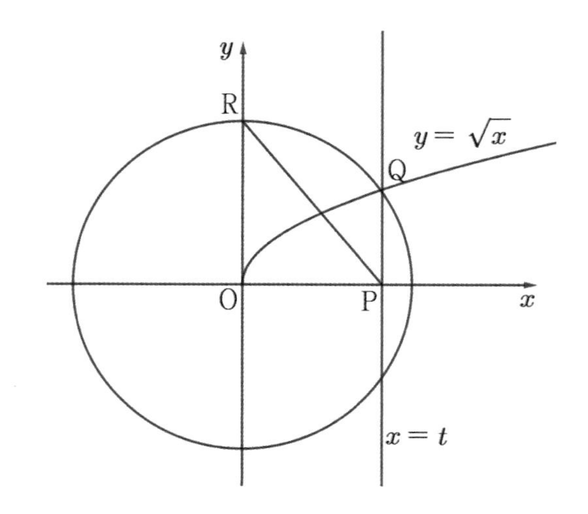

① $\frac{\sqrt{2}}{4}$ ② $\frac{\sqrt{2}}{3}$ ③ $\frac{\sqrt{2}}{2}$ ④ $\sqrt{2}$ ⑤ $2\sqrt{2}$

020

무리함수 $f(x)=\sqrt{ax+b}\ (a>0)$의 그래프가 두 점 $\mathrm{A}(-1,\ 0)$, $\mathrm{P}(t,\ t+2)$를 지난다.

함수 $f(x)$의 그래프가 y축과 만나는 점을 Q라 할 때, $\lim_{t\to\infty}\frac{\overline{\mathrm{AP}}}{\overline{\mathrm{OQ}}^2}$의 값을 k라 하자. k^2의

값을 구하시오. (단, $t>-1$) [4점]

RENDEZVOUS

함수의 연속

021

최고차항의 계수가 1인 삼차함수 $f(x)$에 대하여 함수 $g(x)$를

$$g(x)=\begin{cases} \dfrac{f(x)+1}{f(x)f(x-2)} & (f(x)f(x-2)\neq 0) \\ 3 & (f(x)f(x-2)=0) \end{cases}$$

이라 하자. $\lim_{x\to 2}g(x)=g(2)-1$일 때, $f(4)$의 값은? [4점]

① 38　　② 40　　③ 42　　④ 44　　⑤ 46

022

양수 a에 대하여 함수

$$f(x)=\begin{cases} -x+a & (x<2a) \\ x^2-2a & (x \geq 2a) \end{cases}$$

가 있다. 함수 $\dfrac{1}{|f(x)|}$가 열린구간 $(a,\ \infty)$에서 연속이 되도록 하는 실수 a의 값을 p라 하고 함수 $\dfrac{1}{|f(x)|}$가 열린구간 $(a,\ k)$에서 연속이 되도록 하는 실수 a의 값을 q, 이때의 k의 최댓값을 r라 하자. $16(p^2+q^2+r^2)$의 값을 구하시오. (단, $k>2a$) [4점]

023

함수

$$f(x)=\begin{cases}3x+3 & (x<0)\\ x^2-3x+2 & (x\geq 0)\end{cases}$$

과 실수 전체의 집합에서 연속인 함수 $g(x)$, 최고차항의 계수가 1 인 사차함수 $h(x)$가 모든 실수 x에 대하여

$$f(x)g(x)=h(x)$$

를 만족시킨다. $g(f(0))$의 값은? [4점]

① 2 ② 4 ③ 6 ④ 8 ⑤ 10

024

이차함수 $f(x)$에 대하여 함수

$$g(x)=\begin{cases} f(x) & (x \le 0) \\ -x^2+3x-2 & (x>0) \end{cases}$$

에 대하여 함수 $g(x)g(x-k)$가 실수 전체의 집합에서 연속이 되도록 하는 모든 실수 k의 개수는 5이다. $g(-4)$의 값을 구하시오. [4점]

025

함수

$$f(x)=\begin{cases} x & (x \le a) \\ -2x+b & (x > a) \end{cases}$$

이 다음 조건을 만족시킬 때, $a+b$의 값은? (단, a와 b는 상수이고 $a+b<0$이다.) [4점]

(가) $\lim_{x \to a+} f(x) + \lim_{x \to a-} f(x) = 15$

(나) 함수 $|f(x)+b|$는 실수 전체의 집합에서 연속이다.

① -27　② -28　③ -29　④ -30　⑤ -31

026

세 상수 $a(a \neq 2)$, b, c에 대하여 두 함수

$$f(x)=\begin{cases} x+a & (x<1) \\ 3x & (x \geq 1) \end{cases},\ g(x)=\begin{cases} 2x+b & (x<a) \\ x^2-bx-c & (x \geq a) \end{cases}$$

가 다음 조건을 만족시킬 때, $g(2)$의 값은? [4점]

> 두 함수 $f(x)+g(x)$와 $\{f(x)\}^2-\{g(x)\}^2$은 실수 전체의 집합에서 연속이다.

① 4 ② 5 ③ 6 ④ 7 ⑤ 8

027

최고차항의 계수가 1인 삼차함수 $f(x)$에 대하여 함수 $g(x)$가

$$g(x)=\begin{cases} f(x)-f(-x) & (|x|\leq 1) \\ \{f(x-1)\}^2 & (|x|>1) \end{cases}$$

을 만족시킨다. 함수 $g(x)$가 실수 전체의 집합에서 연속일 때, $g(3)$의 값은? [4점]

① 64　② 81　③ 100　④ 121　⑤ 144

028

두 함수

$$f(x)=x-2,\ g(x)=\begin{cases} x(x-1)(x-3) & (x<a) \\ x(x-1) & (x \geq a) \end{cases}$$

에 대하여 함수 $\dfrac{f(x)}{g(x)}$가 $x=t$에서 불연속인 t의 개수를 $h(a)$라 하자. $h(a)=3$를 만족시키는 a의 최솟값을 m, a의 최댓값을 M이라 할 때, $m+M$의 값은? [4점]

① 2　② 3　③ 4　④ 5　⑤ 6

029

최고차항의 계수가 1인 이차함수 $f(x)$에 대하여 함수

$$g(x)=\begin{cases} \dfrac{f(x)}{1-x} & (x < 1) \\ f(x-2) & (x \geq 1) \end{cases}$$

이 실수 전체의 집합에서 연속일 때, $f(2)$의 값은? [4점]

① 5　② 6　③ 7　④ 8　⑤ 9

030

최고차항의 계수가 1인 삼차함수 $f(x)$에 대하여 함수

$$g(x)=\begin{cases}(x+1)f(x) & (x\leq a)\\ \dfrac{f(x)}{x-1} & (x>a)\end{cases}$$

가 실수 전체에서 연속이 되도록 하는 모든 실수 a의 집합을 X라 할 때, 함수 $f(x)$와 집합 X가 다음 조건을 만족시킨다.

(가) $n(X)\geq 2$이고, 집합 X의 모든 원소의 합은 4이다.
(나) 방정식 $f(x)=0$은 $x>1$인 실근이 존재한다.

$f(4)$의 값은? [4점]

① 9 ② 12 ③ 15 ④ 18 ⑤ 21

031

함수 $f(x)=x^2-5x+4$에 대하여 함수 $g(x)$를

$$g(x)=\begin{cases} f(x+1) & (x \le k) \\ f(x-2) & (x > k) \end{cases}$$

라 하자. 함수 $g(x)g(-x)$가 실수 전체의 집합에서 연속이 되도록 하는 모든 상수 k의 개수는? [4점]

① 2　　② 3　　③ 4　　④ 5　　⑤ 6

032

두 함수

$$f(x)=\begin{cases}-x^2+1 & (|x|<1)\\ |x-1| & (|x|\geq 1)\end{cases},\ g(x)=x^3+3x^2+2x$$

에 대하여 함수 $f(x)g(x-a)$가 실수 전체의 집합에서 연속이 되도록 하는 모든 실수 a의 값의 합은? [4점]

① -4　　② -2　　③ 0　　④ 2　　⑤ 4

033

함수

$$f(x)=\begin{cases} 4 & (x < a) \\ x(x-3)^2 & (x \geq a) \end{cases}$$

에 대하여 함수 $|f(x)-k|$가 실수 전체의 집합에서 연속이 되도록 하는 실수 a의 개수가 4이상일 때, 상수 k의 최솟값은? [4점]

① $\frac{5}{4}$ ② $\frac{3}{2}$ ③ $\frac{7}{4}$ ④ 2 ⑤ $\frac{9}{4}$

034

두 함수

$$f(x)=\begin{cases} x-5 & (|x-a|\le 2) \\ x-1 & (|x-a|>2) \end{cases},\ g(x)=\begin{cases} x^2-16 & (x\le -2) \\ -x^2+4x & (x>-2) \end{cases}$$

에 대하여 함수 $\dfrac{g(x)}{f(x)}$가 실수 전체의 집합에서 연속일 때, $\{f(a-1)\}^2$의 값을 구하시오.

(단, a는 상수이다.) [4점]

035

최고차항의 계수가 1이고 x축과 서로 다른 세 점에서 만나는 그래프를 갖는 삼차함수 $f(x)$에 대하여 함수 $g(x)$를

$$g(x)=\begin{cases} f(x)+2x & (f(x)\geq 0) \\ -f(x)-2x & (f(x)<0) \end{cases}$$

이라 할 때, 함수 $g(x)f(x-2)$가 실수 전체의 집합에서 연속이다. $\{g(3)\}^2$의 값을 구하시오. [4점]

036

최고차항의 계수가 1인 이차함수 $f(x)$에 대하여 함수 $g(x)$ 를

$$g(x)=\begin{cases} f(x-1) & (x \le 0) \\ f(x) & (0 < x \le 1) \\ f(x-1) & (x > 1) \end{cases}$$

이라 하자. 함수 $y=|g(x)|$ 이 모든 실수에서 연속일 때, $f(2)$의 최댓값은? [4점]

① 1 ② $\frac{5}{2}$ ③ $\frac{7}{2}$ ④ 5 ⑤ 7

037

일차함수 $f(x)=\sqrt{3}x$ 와 실수 t 에 대하여 좌표평면에서 직선 $y=f(x)+t$ 와 원 $x^2+y^2=a\ (a>0)$ 가 만나는 점의 개수를 $g(t)$ 라 할 때, 함수 $f(x)$ 와 $g(x)$ 는 다음 조건을 만족시킨다.

(가) 함수 $g(x)$ 는 $x=-4,\ 4$ 에서 불연속이다.
(나) 함수 $\{|f(x)|-b\}g(x)$ 는 실수 전체의 집합에서 연속이다.

두 상수 $a,\ b$ 에 대하여 $\left(\frac{b}{a}\right)^2$ 의 값을 구하시오. [4점]

038

$0 \leq a < 10$인 정수 a에 대하여 함수

$$f(x)=\begin{cases}(x+1)(x+2)(x+3) & (x \leq 0) \\ x-a & (x > 0)\end{cases}$$

이 있다. 함수 $f(x)f(x+a)$가 $x=k$에서 불연속인 실수 k의 개수가 1이 되도록 하는 a의 개수는? [4점]

① 4 ② 5 ③ 6 ④ 7 ⑤ 8

039

함수

$$f(x)=\begin{cases} x+a & (x<3) \\ x^2-3x & (x \geq 3) \end{cases}$$

에 대하여 함수 $f(x)f(3x)$가 실수 전체의 집합에서 연속이 되도록 하는 실수 a의 값은? [4점]

① 1 ② 0 ③ -1 ④ -2 ⑤ -3

040

모든 실수 x에 대하여 $f(x)=f(x+3)$인 함수 $f(x)$가 $-2 \leq x \leq 1$일 때,

$$f(x)=\begin{cases} x^2+a & (-2 \leq x < 0) \\ b & (0 \leq x \leq 1) \end{cases}$$

이다. 함수 $|f(x)-2|$이 실수 전체의 집합에서 연속일 때, b의 최댓값은? (단, a와 b는 실수이다.) [4점]

① 2 ② 3 ③ 4 ④ 5 ⑤ 6

RENDEZVOUS

정적분으로 표현된 함수

041

최고차항의 계수가 1 인 삼차함수 $f(x)$ 에 대하여 함수

$$g(x)=\int_{1}^{x} f(x)dx - \int_{0}^{x-1} f(x)dx$$

가 $x=-1$, $x=2$ 에서 극값을 갖는다. $f(x)$ 의 극값의 합이 -4일 때, $g(x)$ 의 극값의 합은 $\frac{q}{p}$ 이다. $p+q$ 의 값을 구하시오. (단, p와 q는 서로소인 자연수이다.) [4점]

042

실수 전체의 집합에서 연속인 함수 $f(x)$가 다음 조건을 만족시킨다.

(가) $0 \le x \le 2$일 때,

$$f(x)=\begin{cases} ax(x-1) & (0 \le x \le 1) \\ -2a(x-1)(x-2) & (1 \le x \le 2) \end{cases}$$

(단, $a>0$)

(나) 모든 실수 x에 대하여 $f(x+2)=f(x)$이다.

함수 $g(x)=\int_{x}^{x+2}|f(t)-f(x)|dt$에 대하여 $g\left(\frac{1}{2}\right)-g(0)=1$일 때, $g\left(\frac{3}{2}\right)$의 값을 구하시오. [4점]

043

다항함수 $f(x)$가 모든 실수 x에 대하여

$$\int_{1}^{x} f(t)dt + \int_{0}^{x} f(t)dt = x^3 + 4x^2 + ax$$

를 만족시킬 때, $f(3)$의 값은? (단, a는 상수이다.) [4점]

① 21　② 23　③ 25　④ 27　⑤ 29

044

최고차항의 계수가 1이고 $f(\alpha)=f(\alpha+3)=0$인 이차함수 $f(x)$에 대하여 함수 $g(x)$를

$$g(x)=\int_{0}^{x}\{|f(t)|-f(t)\}dt$$

라 하자. 방정식 $2g(f(x))+9=0$의 서로 다른 실근의 개수가 1일 때, α의 값은? [4점]

① -6 ② $-\frac{15}{4}$ ③ $-\frac{3}{2}$ ④ $\frac{3}{2}$ ⑤ $\frac{15}{4}$

045

최고차항의 계수가 3인 이차함수 $f(x)$에 대하여 함수

$$g(x)=\int_0^x f(t)dt$$

라 하면, 다음 조건을 만족시킨다.

(가) 모든 실수 x에 대하여 $f(1+x)=f(1-x)$이고, $f(0)=-9$이다.

(나) 함수 $h(x)=|g(x)+a|$ (a는 정수)라 하면, $h(x)$는 서로 다른 두 극댓값을 가지며 그 차는 10보다 크다.

a값으로 가능한 모든 정수의 개수를 구하시오. [4점]

046

최고차항의 계수가 양수인 이차함수 $f(x)$와 상수 a $(a>0)$에 대하여 실수 전체의 집합에서 미분가능한 함수 $g(x)$가

$$g(x)=\begin{cases} \int_{0}^{x} tf(t)dt - x^2 + a & (x<0) \\ f(x)-x & (x \geq 0) \end{cases}$$

이다. 방정식 $g'(x)=2$이 서로 다른 두 실근을 갖고 두 실근의 합이 0일 때, a의 값은? [4점]

① $\frac{1}{2}$　② $2-\sqrt{2}$　③ 1　④ $\frac{3}{2}$　⑤ $2+\sqrt{2}$

047

최고차항의 계수가 1인 이차함수 $f(x)$와 상수 a $(a>0)$에 대하여 방정식

$$\left|\int_{x}^{x+a} f(t)dt\right| = \int_{x}^{x+a} |f(t)|dt$$

의 해집합을 A라 하고 부등식 $x^2-4ax+3a^2 \le 0$의 해집합을 B, 부등식 $(x-a+\sqrt{2a})(x-3a-\sqrt{2a}) \ge 0$의 해집합을 C라 하자. $A=B\cup C$을 만족시킬 때, $f(0)$의 값을 구하시오. [4점]

048

상수함수가 아닌 두 다항함수 $f(x)$와 $g(x)$가 모든 실수 x에 대하여

$$f(x)\int_{0}^{x}\{g(t)\}^2dt = \int_{-1}^{x} g(t)\{f(t)g(t)+t^2\}dt$$

을 만족시킨다. $f(1)=1$일 때, $g(1)$의 값은? [4점]

① 6 ② 8 ③ 10 ④ 12 ⑤ 14

049

최고차항의 계수가 1이고 $x=0$, $x=a$, $x=2a$ $(a>0)$에서 극값을 가지는 사차함수 $f(x)$에 대하여 실수 전체의 집합에서 정의된 함수 $g(x)$를

$$g(x)=\int_0^x |f'(t)|dt$$

라 할 때, 곡선 $y=g(x)$와 x축 및 직선 $x=2a$로 둘러싸인 부분의 넓이가 64일 때, $g(a)$의 값을 구하시오. [4점]

050

실수 $t\,(t \neq 0)$과 함수 $f(x) = x^3 - 4x^2 + 5x$에 대하여 함수

$$g(x) = \int_0^x f(t)dt - \frac{f(t)}{2t}x^2$$

가 오직 하나의 극값을 갖고 그 값이 음수일 때, t의 값을 구하시오. [4점]

051

실수 전체에서 연속인 함수 $f(x)$가

$$f(x)=\begin{cases} 3x^2-2x-\int_0^2 f(t)\,dt & (x \le 1) \\ \int_0^k f(t)dt & (x > 1) \end{cases}$$

을 만족시킬 때, $10k$의 값은? (단, k는 1보다 큰 상수이다.) [4점]

① 19 ② 21 ③ 23 ④ 25 ⑤ 27

052

$-1 < a < b$인 두 실수 a, b에 대하여 함수 $f(x) = 3(x-a)(x-b)$가 있다. 방정식

$\left(\int_{-1}^{x} f(t)\,dt\right)^2 - 2\int_{-1}^{x} f(t)\,dt - 3 = 0$의 실근이 4개만 존재하고 그 실근 중 하나가 b일

때 $f(b+4)$의 값은? [4점]

① 50　② 54　③ 60　④ 63　⑤ 72

053

상수 a와 함수 $f(x)=\begin{cases} 5 & (x \le 1) \\ |x-6| & (x > 1) \end{cases}$에 대하여 함수 $g(x)$를

$$g(x)=\int_0^x \{f(t)-a\}\,dt$$

라 하자. 함수 $g(x)$가 $x=5$에서 극값을 가질 때, 함수 $g(x)$의 극솟값을 구하시오. [4점]

054

함수 $f(x)=x^3-6x^2+3x$가 있다. $1 \le t \le 4$인 실수 t에 대하여 네 점 $(0,\ 0)$, $(t,\ f(t))$, $(t+1,\ f(t+1))$, $(t+2,\ 0)$를 이 순서대로 연결한 선분으로 둘러싸인 도형의 넓이를 $S(t)$라 하자. 함수 $g(a)$를

$$g(a)=\int_{1}^{a} S(t)\,dt$$

라 할 때, $g'(2)$의 값은? [4점]

① 33 ② 34 ③ 35 ④ 36 ⑤ 37

055

실수 전체에서 연속인 함수 $f(x)$가 다음 조건을 만족시킨다.

(가) $-1 \leq x \leq 1$일 때, $f(x)=kx(x+1)(x-1)$ $(k \neq 0)$이다.
(나) 모든 실수 x에 대하여 $f(x+2)=2f(x)$이다.

함수 $f(x)$에 대하여 함수 $g(x)$를

$$g(x)=\int_{0}^{x} f(t)\,dt$$

라 할 때, 함수 $g(x)$는 최댓값 1을 갖는다. $g(k)=\frac{q}{p}$일 때, $p+q$의 값을 구하시오. (단, p와 q는 서로소인 자연수이다.) [4점]

056

실수 a와 최고차항의 계수가 -1인 이차함수 $f(x)$에 대하여 함수

$$g(x)=\int_{a}^{x} f(t)dt$$

가 다음 조건을 만족시킬 때, $f(a)=-\frac{q}{p}$이다. $p+q$의 값을 구하시오. (단, p와 q는 서로소인 자연수이다.) [4점]

057

이차함수 $f(x)=-3x^2+6x$에 대하여 열린구간 $(0, 3)$에서 정의된 함수

$$g(x)=\int_0^x f(t)dt \times \int_x^3 f(t)dt$$

의 극솟값을 α라 할 때, α^2의 값을 구하시오. [4점]

058

최고차항의 계수가 1 인 삼차함수 $f(x)$ 에 대하여 함수 $g(x)$ 가

$$g(x)=\begin{cases} \int_1^x f(t)dt & (x \le 1) \\ f(x) & (x > 1) \end{cases}$$

라 할 때, 다음 조건을 만족시킨다.

> 함수 $y=|g(x)|$ 는 $x=-3$ 에서만 미분가능하지 않다.

$f(3)$ 의 값은? [4점]

① 8　② 12　③ 16　④ 20　⑤ 24

059

함수

$$f(x)=\begin{cases} 0 & (x \le 0) \\ ax^2 & (x > 0) \end{cases}$$

에 대하여 실수 전체의 집합에서 정의된 함수 $g(x)$를

$$g(x)=\int_0^x f(t)f(2-t)dt$$

라 하자. 방정식 $g(x)=1$의 해의 개수가 2이상일 때, 양수 a의 값은? [4점]

① $\frac{\sqrt{3}}{2}$ ② $\frac{\sqrt{13}}{4}$ ③ $\frac{\sqrt{14}}{4}$ ④ $\frac{\sqrt{15}}{4}$ ⑤ 1

060

최고차항의 계수가 $\frac{3}{2}$인 이차함수 $f(x)$에 대하여 방정식

$$xf(x)-\int_{0}^{x}f(t)dt=4$$

의 실근의 개수는 2이고 서로 다른 실근을 α, $\beta(\alpha<\beta)$라 할 때, $\alpha^2+\beta^2$의 값을 구하시오. [4점]

RENDEZVOUS

Type 4

랑 데 뷰 폴 포

속도와 위치

061

시각 $t=0$일 때, 동시에 원점을 출발하여 수직선 위를 움직이는 두 점 P, Q의 시각 t $(t \geq 0)$에서의 속도가 각각

$$v_1(t)=3t^2-4kt,\ v_2(t)=6t^2-3t-4k$$

이다. 시각 $t=a$에서 점 P와 점 Q 사이의 거리가 $\frac{5}{2}$이 되는 양수 a의 값의 개수가 2일 때, 양수 k의 값은? [4점]

① 1 ② $\frac{3}{2}$ ③ 2 ④ $\frac{5}{2}$ ⑤ 3

062

음이 아닌 실수 a에 대하여 수직선 위를 움직이는 점 P의 시각 t $(t \geq 0)$에서의 속도 $v(t)$를

$$v(t)=t(t-1)(t-2a)(t-4a)$$

라 하자. 점 P가 $t=0$에서 출발한 후 운동 방향을 한 번만 바꾸도록 하는 a에 대하여, 시각 $t=0$에서 $t=1$까지 점 P의 위치의 변화량의 최댓값은? [4점]

① $-\dfrac{1}{120}$　② $-\dfrac{1}{60}$　③ $-\dfrac{2}{15}$　④ $-\dfrac{1}{20}$　⑤ $-\dfrac{1}{15}$

063

원점에서 출발하여 수직선 위를 움직이는 점 P의 시각 $t(t \geq 0)$에서의 위치를 $x(t)$라 할 때, 함수 $x(t)$는 다음 조건을 만족시킨다.

> (가) 함수 $x(t)$는 최고차항의 계수가 1인 사차함수이다.
> (나) 함수 $x(t)$는 $t=0$, $t=1$, $t=3$에서 극값을 갖는다.

점 P가 출발한 뒤 수직선의 음의 방향으로 움직인 거리를 s라 할 때, $3s$의 값을 구하시오. [4점]

064

수직선 위를 움직이는 점 P의 시각 t $(t \geq 0)$에서의 속도 $v(t)$가

$$v(t) = at + b$$

이다. 점 P의 시각 $t = 5$에서의 속도가 0이고 시각 $t = 3$에서의 위치와 시각 $t = k$ $(k > 3)$에서의 위치가 서로 같을 때, 상수 k의 값은? [4점]

① 6　　② 7　　③ 8　　④ 9　　⑤ 10

065

시각 $t=0$일 때 동시에 원점을 출발하여 수직선 위를 움직이는 두 점 P, Q의 시각 t $(t \geq 0)$에서의 속도가 각각

$$v_1(t)=-3t^2+(8k+6)t,\ v_2(t)=-9t^2+18kt$$

이다. 다음 조건을 만족시키는 양수 s의 최솟값은? (단, k는 자연수이다.) [4점]

> 두 점 P, Q가 출발 후 $t=s$에서 만날 때, $t=0$에서 $t=s$일 때까지 점 P가 움직인 거리가 $t=0$에서 $t=s$일 때까지 점 Q가 움직인 거리보다 작다.

① $\frac{13}{2}$　② 7　③ $\frac{15}{2}$　④ 8　⑤ $\frac{17}{2}$

066

두 점 P와 Q는 시각 $t=0$일 때 각각 점 $\mathrm{A}(-5)$, $\mathrm{B}(3)$에서 출발하여 수직선 위를 움직인다. 두 점 P, Q의 시각 $t(t \geq 0)$에서의 속도는 각각

$$v_1(t)=-6t^2-2t+8,\ v_2(t)=-2t-1$$

이다. 출발한 시각부터 두 점 P, Q사이의 거리가 처음으로 1이 될 때까지 점 P가 움직인 거리와 점 Q가 움직인 거리의 합은? [4점]

① 7 ② 8 ③ 9 ④ 10 ⑤ 11

067

두 양수 a, b에 대하여 수직선 위를 움직이는 점 P의 시각 t $(t \geq 0)$에서의 위치 $x(t)$가

$$x(t)=t(t-a)(t-b)$$

이다. 점 P의 시각 t에서의 속도 $v(t)$에 대하여

$$\int_0^a |v(t)|dt = \int_0^a v(t)dt + 2x(c)$$

를 만족시키는 실수 c $(0 < c < a)$가 존재한다. b의 값이 최소일 때, $\frac{a}{c}$의 값을 구하시오.

[4점]

068

최고차항의 계수가 1이고 x축과 x좌표가 a, $2a$인 두 점에서만 만나는 삼차함수 $f(x)$에 대하여 수직선 위를 움직이는 두 점 P, Q의 시각 t $(t \geq 0)$에서의 속도를 각각 v_{P}, v_{Q}라 하면

$$v_{\mathrm{P}} = f(t),\ v_{\mathrm{Q}} = (t-6)f(t)$$

이다. 점 Q가 운동 방향을 바꾸지 않을 때, $t=a$에서 $t=2a$까지 점 P가 움직인 거리의 최솟값은 $\dfrac{q}{p}$이다. $p+q$의 값을 구하시오. (단, p와 q는 서로소인 자연수이다.) [4점]

시각 $t=0$일 때 출발하여 수직선 위를 움직이는 두 점 P, Q의 시각 t $(t \geq 0)$에서의 위치 x_1, x_2가

$$x_1 = t^3 - 4t^2 + 1,\ x_2 = at + 1$$

이다. 출발한 후 두 점 P, Q가 만나는 순간 두 점 P, Q의 속도가 같을 때, 상수 a의 값은? [4점]

① -3　② -4　③ -5　④ -6　⑤ -7

070

시각 $t=0$일 때 출발하여 수직선 위를 움직이는 두 점 P, Q의 시각 $t(t \geq 0)$에서의 위치 x_1, x_2가

$$x_1 = -t^3 + 6t^2,\ x_2 = at + b$$

이다. 다음 조건을 만족시키는 상수 a, b에 대하여 $a-b$의 값은? (단, $a>0$) [4점]

> 두 점 P, Q가 $t>0$에서 두 번만 만나고 두 번째 만나는 순간의 점 P의 속도는 0이다.

① 11 ② 12 ③ 13 ④ 14 ⑤ 15

071

시각 $t=0$일 때, 원점을 출발하여 수직선 위를 움직이는 물체 A의 시각 t에서의 속도가 $v(t)=3t^2-4at+3a\ (a>0)$일 때, 양수 k에 대하여 다음 조건을 만족시킨다.

(가) 물체 A는 출발 후, 한 번만 원점을 지난다.
(나) 시각 $t=k$에서의 위치와 $t=k+3$에서의 위치가 같다.

이때, 시각 $t=k$에서의 물체의 위치는? [4점]

① 2 ② 3 ③ 4 ④ 5 ⑤ 6

072

시각 $t=0$에서 원점을 출발하여 수직선 위를 움직이는 두 점 P, Q가 있다. 시각 t $(t \geq 0)$에서의 점 P의 가속도 $a_{\mathrm{P}}(t)$와 점 Q의 가속도 $a_{\mathrm{Q}}(t)$가 각각

$$a_{\mathrm{P}}(t)=2t-2,\ a_{\mathrm{Q}}(t)=6t+4$$

이다. 시각 $t=3$에서 두 점 P, Q의 위치가 같을 때, $t=1$일 때, 점 P의 속도와 점 Q의 속도의 차는? [4점]

① 5　　② 7　　③ 9　　④ 11　　⑤ 13

073

원점을 출발하여 수직선 위를 움직이는 점 P의 시각 t $(t \geq 0)$에서의 속도를 $v(t)$라 하면, $v(t)$는 $v(0) = v'(0) = 0$인 삼차함수이고, 점 P는 다음 조건을 만족시킨다.

(가) $t = 4$일 때 점 P의 위치는 0이다.
(나) $t = 0$에서 $t = 6$까지 점 P의 위치 변화량은 432이다.

$t = 0$에서 $t = 5$까지 점 P가 움직인 거리는? [4점]

① 159 ② 169 ③ 179 ④ 189 ⑤ 199

074

원점을 출발하여 수직선 위를 움직이는 점 P의 시각 t ($t \geq 0$)에서의 가속도 $a(t)$가

$$a(t) = 12t^2 - 18t$$

이다. 점 P가 출발한 후 원점을 한 번만 지날 때, 시각 $t = 4$일 때의 점 P의 위치는? [4점]

① 80 ② 84 ③ 88 ④ 92 ⑤ 96

075

두 점 P와 Q는 시각 $t=0$일 때 각각 점 A(0)과 점 B(10)에서 출발하여 수직선 위를 움직인다. 두 점 P, Q의 시각 $t(t \geq 0)$에서의 속도는 각각

$$v_1(t)=3t^2+2t-5,\ v_2(t)=2t+1$$

이다. 출발한 시각부터 두 점 P, Q 사이의 거리가 처음으로 1이 될 때까지 점 P가 움직인 거리는? [4점]

① 21 ② 23 ③ 25 ④ 27 ⑤ 29

076

같은 높이의 지면에서 동시에 출발하여 지면과 수직인 방향으로 올라가는 세 물체 A, B, C가 있다. 그림은 시각 t $(0 \le t \le c)$ 에서 물체 A 의 속도 $f(t)$, 물체 B 의 속도 $g(t)$, 물체 C의 속도 $h(t)$를 나타낸 것이다.

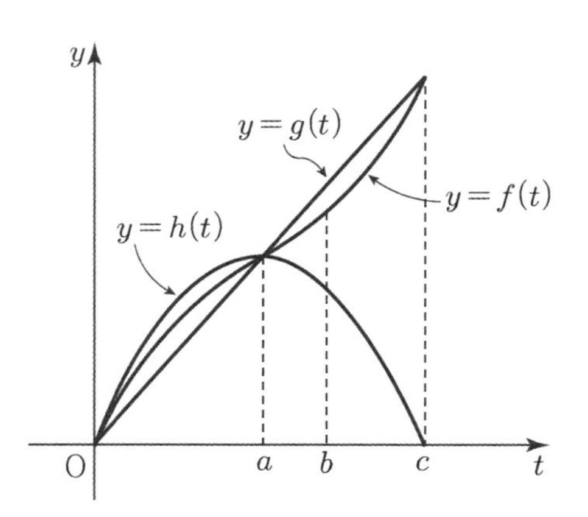

$\int_0^c f(t)\,dt = \int_0^c g(t)\,dt$, $\int_0^b f(t)\,dt = \int_0^b h(t)\,dt$ 이고 $0 \le t \le c$ 일 때, 옳은 것만을 〈보기〉에서 있는 대로 고른 것은? [4점]

| 보 기 |

ㄱ. $t=a$ 일 때, 물체 A가 가장 높은 위치에 있다.

ㄴ. $t=b$ 일 때, 물체 B가 가장 낮은 위치에 있다.

ㄷ. $t=c$ 일 때, 물체 A 와 물체 B 는 같은 높이에 있고 물체 C는 가장 낮은 위치에 있다.

① ㄴ ② ㄷ ③ ㄱ, ㄷ ④ ㄴ, ㄷ ⑤ ㄱ, ㄴ, ㄷ

077

수직선 위를 움직이는 점 P의 시각 t $(t > 0)$에서의 속도 $v(t)$가

$$v(t) = 3t^2 - 12t + 9$$

이다. 시각 $t = a$와 시각 $t = b$에서 각각 점 P의 운동 방향이 바뀔 때, 시각 $t = a - 1$에서 $t = b$까지 점 P의 위치의 변화량은? (단, $0 < a < b$) [4점]

① -2 ② 0 ③ 2 ④ 4 ⑤ 6

078

원점을 출발하여 수직선 위를 움직이는 점 P 의 시각 $t\ (0 \le t \le d)$ 에서의 속도 $v(t) = (t-a)(t-b)(t-c)$ (단, $0 < a < b < c < d$)가 다음 조건을 만족시킨다.

(가) 세 상수 $a,\ b,\ c$ 는 등차수열을 이룬다.

(나) $\int_0^b v(t)dt > 0$

(다) $\int_0^a v(t)dt + \int_c^d v(t)dt < 0$

옳은 것만을 〈보기〉에서 있는 대로 고른 것은? [4점]

보 기

ㄱ. 점 P 는 출발하고 나서 이동 방향을 세 번 바꾼다.

ㄴ. 점 P 는 출발하고 나서 원점을 두 번 지난다.

ㄷ. 등차수열 $a,\ b,\ c$ 의 공차가 2이고 $t = d$일 때 점 P 의위치가 -1이라면, 시각 $t = 0$에서 시각 $t = c$까지 점 P 의 위치의 변화량과 시각 $t = c$에서 시각 $t = d$까지 점 P 의 위치의 변화량의 차는 7 이상이다.

① ㄱ ② ㄴ ③ ㄱ, ㄴ ④ ㄴ, ㄷ ⑤ ㄱ, ㄴ, ㄷ

079

원점에서 동시에 출발하여 수직선 위를 움직이는 두 점 P, Q의 시각 t $(t \geq 0)$에서의 속도가 각각

$$v_1(t) = t^2 - 2t + 2,\ v_2(t) = 2t - 1$$

이다. 시각 $t = a$ $(a > 0)$에서 두 점 P, Q가 다시 만날 때, $v_2(a)$의 값은? [4점]

① 3　② $\frac{7}{2}$　③ 4　④ $\frac{9}{2}$　⑤ 5

080

수직선 위를 움직이는 점 P의 시각 $t\,(0 \le t \le 8)$에서의 위치 $x(t)$가

$$x(t)=\begin{cases} 4t(t-2) & (0 \le t < 2) \\ -2(t-2)(t-6) & (2 \le t < 6) \\ 4(t-6)(t-8) & (6 \le t \le 8) \end{cases}$$

이다. 보기에서 옳은 것만을 있는 대로 고른 것은? [4점]

| 보 기 |

ㄱ. $2 < t < 6$일 때, 점 P의 가속도는 음수이다.

ㄴ. $0 < t < 8$에서 점 P가 운동 방향을 바꾸는 시각의 합은 10이다.

ㄷ. $1 \le k \le 2$일 때, 점 P의 시각 $t = k$에서의 속도와 시각 $t = 6-k$에서의 속도의 곱의 최솟값은 -8이다.

① ㄱ　② ㄴ　③ ㄱ, ㄴ　④ ㄱ, ㄷ　⑤ ㄱ, ㄴ, ㄷ

RENDEZVOUS

Type 5

랑 데 뷰 폴 포

그래프 해석

081

실수 k에 대하여 함수

$$f(x)=\begin{cases} -x^4+12x^2 & (x<0) \\ x^4-12x^2 & (x \geq 0) \end{cases}$$

에 대하여 함수 $g(x)$를

$$g(x)=|f(x)+k|$$

라 하자. 함수 $y=g(x)$의 그래프와 직선 $y=a$가 만나는 서로 다른 점의 개수가 홀수가 되도록 하는 실수 a의 값이 오직 하나일 때, k의 최댓값과 최솟값의 차는? [4점]

① 36 ② 72 ③ 108 ④ 144 ⑤ 180

082

두 함수 $f(x)=3x^4+18a^2x^2$, $g(x)=16ax^3-27$의 그래프가 오직 한 점에서 만나도록 하는 모든 a의 값의 합은? [4점]

① -2 ② -1 ③ 0 ④ 1 ⑤ 2

083

최고차항의 계수가 1인 삼차함수 $f(x)$와 실수 전체의 집합에서 연속인 함수 $g(x)$가 모든 실수 x에 대하여

$$|x+2|g(x)=f(x)$$

를 만족시킨다. 실수 t에 대하여 방정식 $g(x)=t$의 서로 다른 실근의 개수 $h(t)$라 할 때 함수 $h(t)$는 모든 실수 t에 대하여 연속이다. $f(1)$의 값은? [4점]

① 8 ② 11 ③ 16 ④ 21 ⑤ 27

084

원점을 지나는 이차함수 $f(x)$가 $0<x<\frac{4}{3}$인 모든 실수 x에 대하여 $f(x)>0$이다.

양수 t $\left(0<t<\frac{4}{3}\right)$에 대하여 점 $\mathrm{A}(t, f(t))$에서 x축, y축에 내린 수선의 발을 각각 B, C라 하자. 사각형 OABC의 둘레의 길이를 $g(t)$, 넓이를 $h(t)$라 할 때, 두 함수 $g(t)$, $h(t)$가 모두 $t=1$에서 극값을 갖는다. $f(2)$의 값은? [4점]

① -2　　② -3　　③ -4　　④ -5　　⑤ -6

085

삼차함수 $f(x)$에 대하여 구간 $(0,\ \infty)$에서 정의된 함수 $g(x)$를

$$g(x)=\begin{cases} \dfrac{1}{4}x^2\left(x-\dfrac{7}{2}\right)^2 & \left(0<x\le\dfrac{7}{2}\right) \\ f(x) & \left(x>\dfrac{7}{2}\right) \end{cases}$$

라 하자. 함수 $g(x)$가 구간 $(0,\ \infty)$에서 미분가능하고 다음 조건을 만족시킬 때, $g\left(\dfrac{11}{2}\right)$의 값을 구하시오. [4점]

(가) $g\left(\dfrac{111}{22}\right)=0$

(나) 점 $\left(-\dfrac{3}{2},\ 0\right)$에서 곡선 $g(x)$에 그은 기울기가 0이 아닌 서로 다른 두 접선의 기울기의 합은 0이다.

086

최고차항의 계수가 1인 삼차함수 $f(x)$가 다음 조건을 만족시킨다.

(가) 함수 $|f(x)-f(0)|$은 $x=a$ $(a \neq 0)$에서만 미분가능하지 않다.
(나) 곡선 $y=f(x)$위의 점 $x=a$에서의 접선이 곡선 $y=f(x)$와 만나는 점 중 x좌표가 a가 아닌 값을 b라 하면 $|f(a)|=|f(b)|=1$이다.

$f(2)$의 최댓값은? [4점]

① 5 ② 7 ③ 9 ④ 11 ⑤ 13

087

최고차항의 계수가 1인 삼차함수 $f(x)$가

$$f(0)=1,\ f'(-x)=f'(x)$$

을 만족시킨다. 함수 $g(x)$를

$$g(x)=\begin{cases}1 & (f(x)<1)\\ f(x) & (f(x)\geq 1)\end{cases}$$

이라 할 때, $\int_{0}^{3} g(x)dx=\frac{37}{4}$이다. $f(3)$의 값을 구하시오. [4점]

088

세 실수 a, b, c에 대하여 함수

$$f(x)=\begin{cases} x^3+ax^2+bx+c & (x<0) \\ -x^3-ax^2+bx+c & (x \geq 0) \end{cases}$$

이 구간 $(-\infty, 2]$에서 증가하고 구간 $[2, \infty)$에서 감소할 때, $f(1)$의 최댓값과 최솟값을 각각 M, m이라 하자. $M-m$의 값은? [4점]

① $6(3+2\sqrt{2})$ ② $7(3+2\sqrt{2})$ ③ $8(3+2\sqrt{2})$

④ $9(3+2\sqrt{2})$ ⑤ $10(3+2\sqrt{2})$

089

양수 a와 실수 t에 대하여 두 곡선 $y=a^2x^3+4x$ 와 $y=4ax^2-t$의 서로 다른 교점의 개수가 2이상이 되도록 하는 t의 최솟값을 $f(a)$라 할 때, $f(16)+f(32)$의 값은? [4점]

① $-\frac{5}{27}$ ② $-\frac{4}{27}$ ③ $-\frac{1}{9}$ ④ $-\frac{2}{27}$ ⑤ $-\frac{1}{27}$

090

자연수 a에 대하여 x에 대한 방정식 $x^4-8x^3+16x^2+a-k=0$의 실근 중에서 3보다 크지 않은 실근의 개수가 3이 되도록 하는 모든 자연수 k의 합이 140일 때, a의 값은? [4점]

① 2 ② 4 ③ 6 ④ 8 ⑤ 10

091

최고차항의 계수가 1인 삼차함수 $f(x)$가 다음 조건을 만족시킨다.

(가) $f(0)=8$
(나) 곡선 $y=f(x)$는 $x=2$에서 x축에 접한다.

구간 $[0,\ \infty)$에서의 함수 $y=f(x)$의 그래프와 x축 및 y축으로 둘러싸인 부분의 넓이를 S라 할 때, $3S$의 값을 구하시오. [4점]

092

다음 조건을 만족시키는 모든 다항함수 $f(x)$에 대하여 $f(0)$의 최댓값과 최솟값의 합은? [4점]

(가) $\lim_{x \to \infty} \frac{f(x)}{x^4} = \frac{1}{2}$

(나) 방정식 $f(x) = 0$의 서로 다른 실근의 개수는 2이다.

(다) $f'(-1) = f'(2) = f(2) = 0$

① 24 ② 26 ③ 28 ④ 30 ⑤ 32

093

역함수가 존재하는 삼차함수 $f(x)=x^3-ax^2+12x-5$의 역함수를 $g(x)$라 하자. 양수 a가 최댓값을 가질 때, $\int_{2}^{4} g(x)dx$의 값을 구하시오. [4점]

094

최고차항의 계수가 1이고 $f(0)=0$인 삼차함수 $f(x)$에 대하여 실수 전체의 집합에서 미분가능한 함수 $g(x)$가 다음 조건을 만족시킬 때, $f(7)$의 값을 구하시오.
(단, p는 상수이다.) [4점]

> (가) 모든 정수 k에 대하여 $n=2k$일 때, 구간 $[n,\ n+2)$에서
> $$g(x)=f(x-n)+kp$$
> 이다.
>
> (나) $\int_{0}^{6} f(x)dx=18$

095

실수 t에 대하여 두 함수

$$f(x) = |x^2 - 4| - 3x,\ g(x) = -x + t$$

의 그래프는 $t = t_1,\ t_2\ (t_1 < t_2)$일 때, 서로 다른 세 점에서 만난다. $t = t_1$ 일 때, 두 함수 $y = f(x),\ y = g(x)$의 그래프로 둘러싸인 부분의 넓이는 $\frac{p}{q}$ 이다. $p + q$의 값을 구하시오. (단, p와 q는 서로소인 자연수이다.) [4점]

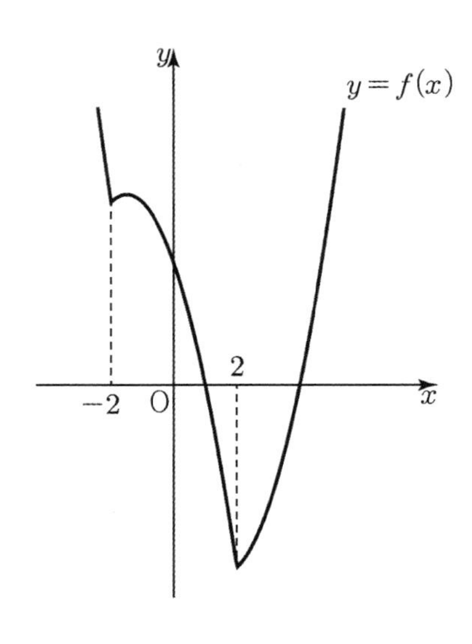

096

실수 t에 대하여 함수 $f(x)$가

$$f(x)=|x^2-t^2|-2x+2$$

이다. $x \geq 0$에서 함수 $f(x)$의 최솟값을 $g(t)$라 할 때, $g'(-2)-g(2)$의 값을 구하시오.
[4점]

$x \geq 0$에서 정의된 연속함수 $f(x)$는 다음 조건을 만족시킨다.

> (가) $0 \leq x < 2$일 때, $f'(x) = 2$이다.
> (나) $0 \leq x < 2$일 때, $f(x+2) = -f(x) + 4$이다.
> (다) 음이 아닌 실수 x에 대하여 $f(x+4) = f(x)$이다.

$\int_{1}^{51} f(x)\,dx - f(23)$의 값은? [4점]

① 88　　② -2　　③ 100　　④ -4　　⑤ 112

098

다음 조건을 만족시키는 함수 $f(x)$가 있다.

(가) $f(x)=-3x^2+3x \ (0 \leq x \leq 1)$
(나) $f(-x)=-f(x)$
(다) $f(x+2)=f(x)$

정의역이 실수 전체의 집합이고 치역이 $\{0,\ 1\}$인 함수 $g(x)$에 대하여 함수 $h(x)=f(x)g(x)$가 실수 전체의 집합에서 연속이다. 모든 자연수 n에 대하여 $\int_{-2n}^{2n} h(x)dx = n$일 때, $\left| \sum_{n=1}^{12} \int_{-2n}^{2n} xh(x)dx \right|$의 값을 구하시오. [4점]

099

최고차항의 계수가 1인 두 다항함수 $f(x)$, $g(x)$가 다음 조건을 만족시킬 때, $f(0)+g(2)$의 값은? [4점]

(가) $\lim_{x \to \infty} \frac{g(-x)+x^3}{f(-x)} = 4$

(나) $\lim_{x \to a} \frac{g(x)}{f(x)} = 0$을 만족시키는 a의 값은 0뿐이다.

(다) $g(1)=0$

① 6 ② 7 ③ 8 ④ 9 ⑤ 10

100

최고차항의 계수가 양수인 사차함수 $f(x)$에 대하여 실수 전체의 집합에서 미분가능한 함수

$$g(x)=\begin{cases} f(x) & (x<3) \\ -f(x-3)+3 & (x \geq 3) \end{cases}$$

이 다음 조건을 만족시킨다.

(가) 방정식 $g'(x)=0$의 해는 $a,\ 3,\ b\ (a<3<b)$이다.
(나) 모든 양의 실수 x에 대하여 $g(x) \leq g(3)$이다.

$f(6)=9$일 때, $\int_a^b g(x)dx$의 값은? [4점]

① 10 ② 9 ③ 8 ④ 7 ⑤ 6

RENDEZVOUS

항등식 해석

101

실수 전체의 집합에서 연속인 함수 $f(x)$가 다음 조건을 만족시킨다.

(가) 열린구간 $(0,\ 1)$에서 $f'(x)=2x$이다.

(나) 임의의 두 실수 $a,\ b$에 대하여 $\int_{a}^{b} f'(x)dx=\int_{a+1}^{b+1} f'(x)dx$이다.

$\int_{0}^{6} f(x)dx=41$일 때, $f(0)$의 값을 구하시오. [4점]

102

최고차항의 계수가 3이고, $f(-x)=f(x)$인 이차함수 $f(x)$가 $x \geq 1$인 모든 실수 x에 대하여

$$\int_{-2}^{x} f(t)\,dt \geq \int_{-2}^{2-x} f(t)\,dt$$

를 만족시킨다. $f(3)$의 최솟값은? [4점]

① 24　② 26　③ 28　④ 30　⑤ 32

103

이차함수 $f(x) = a(x-1)(x-b)$ $(a > 0,\ b > 1)$에 대하여 함수

$$g(x) = \begin{cases} f(x) & (f(x) \geq 0) \\ 0 & (f(x) < 0) \end{cases}$$

가 다음 조건을 만족시킬 때, $f(6)$의 값은? [4점]

(가) $\displaystyle\int_0^{f(0)} g(x)dx = 2\int_0^1 g(x)dx$

(나) 부등식 $\displaystyle\int_\alpha^{f(\alpha)} g(x)dx \leq 0$을 만족시키는 모든 실수 α의 값의 집합은 $\{\alpha \mid 1 \leq \alpha \leq 3\}$이다.

① 6 ② 12 ③ 18 ④ 24 ⑤ 30

104

최고차항의 계수가 1인 삼차함수 $f(x)$와 최고차항의 계수가 양수인 일차함수 $g(x)$가 다음 조건을 만족시킬 때, $f(2)$의 최솟값을 구하시오. [4점]

(가) $f(0)=g(0)=2$

(나) $k<a<b$인 임의의 두 실수 a, b에 대하여 부등식 $\int_a^b f(x)\,dx > \int_a^b g(x)dx$가 성립하도록 하는 실수 k의 최솟값은 -2이다.

(다) 함수 $\int_0^x \{f(t)-g(|t|)\}dt$의 극값의 개수는 1이다.

105

원점을 지나고 최고차항의 계수가 1인 삼차함수 $f(x)$와 실수 전체의 집합에서 연속인 함수 $g(x)$가 다음 조건을 만족시킬 때, $f(6)$의 값을 구하시오.

(가) 모든 실수 x에 대하여 $f(x)=xf'(g(x))$이다.
(나) 함수 $g(x)$의 최솟값은 3이다.
(다) $\int_0^{g(0)} \frac{f(x)}{x}dx=0$

106

실수 전체의 집합에서 정의된 함수 $f(x)$가 구간 $[-2,\ 1]$에서 $f(x)=x^2+k$이다. 함수 $f(x)$의 한 부정적분 $F(x)$가 모든 실수 t에 대하여 $F(t)=F(t+3)$를 만족시킬 때,

$\int_{2k}^{-10k}\{F(x)-F(1)\}dx$의 값은? (단, k는 상수이다.) [4점]

① 7 ② 9 ③ 11 ④ 13 ⑤ 15

107

최고차항의 계수가 정수인 삼차함수 $f(x)$가 다음 조건을 만족시킬 때, $f(4)$의 최솟값은? [4점]

(가) $f(k) = k^2 - k \ (k = 1, \ 2, \ 3)$
(나) $x_1 < x_2$인 임의의 두 실수 x_1, x_2에 대하여 $f(x_1) < f(x_2)$이다.

① 22 ② 21 ③ 20 ④ 19 ⑤ 18

108

삼차함수 $f(x)=x^3-\frac{3}{2}x^2+\frac{11}{4}x+k$에 대하여 임의의 실수 a, b가 $\frac{f(b)-f(a)}{b-a}>k$를 만족시킨다. $f(4)$의 최댓값은? [4점]

① 45 ② 47 ③ 49 ④ 51 ⑤ 53

109

두 상수 a $(a>0)$, b에 대하여 실수 전체의 집합에서 연속인 함수 $f(x)$가 다음 조건을 만족시킬 때, $a\times b$의 값은? [4점]

(가) 모든 실수 x에 대하여

$$\{f(x)\}^2-4f(x)=a(x-1)^4+2a(x-1)^2+b$$

이다.

(나) $f(0)=f(2)+2$

① $-\frac{2}{3}$　② $-\frac{4}{3}$　③ $-\frac{5}{3}$　④ $\frac{4}{3}$　⑤ $\frac{5}{3}$

110

두 상수 a, b에 대하여 함수 $f(x)$의 도함수 $f'(x)$는 실수 전체의 집합에서 연속이고 다음 조건을 만족시킨다. $f(0)=0$일 때, $f(a-b)$의 값을 구하시오. [4점]

(가) 모든 실수 x에 대하여 $|f'(x)-2|=a(x-2)^2+b+1$이다.
(나) $f'(1)-f'(3)=6$

111

양의 상수 n과 최고차항의 계수가 양수인 삼차함수 $f(x)$에 대하여 방정식 $f(x)-nx=0$은 실근 0, 1, 2를 갖는다. 함수 $g(x)$가 $0 \le x \le 2$에서 $g(x)=f(x)$이고 모든 실수 x에 대하여 $\int_{x}^{x+2} g(t)dt=2nx+2n$를 만족시킬 때, $g(15)=40$을 만족시키는 n의 값은? [4점]

① $\frac{7}{3}$ ② $\frac{8}{3}$ ③ 3 ④ $\frac{10}{3}$ ⑤ $\frac{11}{3}$

112

두 다항함수 $f(x)$, $g(x)$에 대하여 $f(x)$의 한 부정적분을 $F(x)$라 하자. 이 함수들은 모든 실수 x에 대하여 다음 조건을 만족시킨다.

(가) $\int_{1}^{x} (x+t)f'(t)\,dt = 2xf(x) - 4x^2 - 4$

(나) $f(x)g(x) + F(x)g'(x) = 32x^3 - 12x^2 - 1$

$\int_{1}^{4} g'(x)\,dx$의 값을 구하시오. [4점]

113

실수 전체의 집합에서 정의된 함수 $f(x)$가 상수 a $(a \neq 0)$과 모든 실수 x에 대하여

$$f(x)=\begin{cases} -x^2+\lim_{t \to a+} f(t) & (x < a) \\ 8x - \lim_{t \to a-} f(t) & (x \geq a) \end{cases}$$

를 만족시킨다. 함수 $|f(x)-x+1|$가 실수 전체의 집합에서 연속일 때, $a=-\frac{q}{p}$이다.

$p+q$의 값을 구하시오. (단, p와 q는 서로소인 자연수이다.) [4점]

114

두 다항함수 $f(x)$, $g(x)$에 대하여 $f(x)$의 한 부정적분을 $F(x)$라 하고 $g(x)$의 한 부정적분을 $G(x)$라 할 때, 두 함수 $F(x)$와 $G(x)$의 최고차항의 계수가 서로 다르고 이 함수들은 모든 실수 x에 대하여 다음 조건을 만족시킨다.

(가) $f(x)G(x)+F(x)g(x)=4x^3-3x^2-2x-1$
(나) 두 함수 $F(x)$, $G(x)$는 역함수를 갖는다.
(다) $F(0)=-1$, $f(0)g(0)=1$

$\lim_{x\to\infty}\frac{F(x)}{G(x)}$의 값이 존재할 때, $F(3)\times G(1)$의 값을 구하시오. [4점]

115

두 다항함수 $f(x)=x^3-3x+k$, $g(x)=x^2-2x$가 다음 조건을 만족시키도록 하는 실수 k의 최솟값을 구하시오. [4점]

> $0<a<b$인 임의의 두 실수 a, b에 대하여
> $$\int_a^b f(x)dx > \int_a^b g(x)dx$$
> 이다.

116

다항함수 $f(x)$와 최고차항의 계수가 1인 삼차함수 $g(x)$가 다음 조건을 만족시킬 때, $6\int_0^1 f(x)dx$의 값을 구하시오. [4점]

(가) $f(1)=3$, $g(0)=0$

(나) 모든 실수 x에 대하여 $f(x)+xf'(x)=3x^2-6x+4+g'(x)$이다.

(다) 함수 $y=g(x)$의 그래프는 점 $(p, 0)$ $(p \neq 0)$에서 x축에 접한다.

117

최고차항의 계수가 1인 삼차함수 $f(x)$가 다음 조건을 만족시킨다.

(가) $f(-1)=0$

(나) 모든 실수 x에 대하여 부등식 $x\{f(x)-x-1\} \geq 0$이 성립한다.

$f(2)$의 값은? [4점]

① 21 ② 22 ③ 23 ④ 24 ⑤ 25

118

양수 a에 대하여 함수

$$f(x)=\begin{cases} \dfrac{8x+16}{2x+1} & (x<a) \\ -4x & (x \geq a) \end{cases}$$

가 있다. $x=-\dfrac{1}{2}$를 제외한 실수 전체의 집합에서 연속인 함수 $g(x)$가 모든 실수 x에 대하여

$$\{g(x)\}^2-4g(x)=\{f(x)\}^2-4f(x)$$

를 만족시킬 때, $\sum_{k=0}^{4} g(k-2)$의 최댓값은? [4점]

① 46 ② 48 ③ 50 ④ 52 ⑤ 54

119

최고차항의 계수가 1인 삼차함수 $f(x)$가 모든 실수 x에 대하여

$$f(x)+f(2-x)=8,\ f'(x) \geq 2$$

를 만족시킨다. 함수 $f(x)$와 $-2<a<b<2$인 모든 실수 a, b에 대하여

$$f(a)-ka>f(b)-kb$$

를 만족시키는 실수 k의 최솟값은? [4점]

① 29　② 30　③ 31　④ 32　⑤ 33

120

실수 전체의 집합에서 연속인 함수 $f(x)$에 대하여

$$F(x)=\int_0^x f(t)dt$$

이다. 함수 $F(x)$와 두 상수 a, b가 다음 조건을 만족시킨다.

(가) 닫힌구간 $[-1, 1]$에서 $f(x)=3x^2+ax+b$이다.
(나) 임의의 정수 k에 대하여 $F(k+2)=F(k)+a$이다.

$\int_{-6}^{5} f(x)dx=24$일 때, $a+b$의 값을 구하시오. [4점]

RENDEZVOUS

랑데뷰 폴포 수학II 해설편

저자 황보백

수능수학에서 출제되는 4점 유형

smart is sexy
Orbi.kr

orbibooks

정답 및 해설

랑 데 뷰 폴 포

빠른 정답

Type 1. 함수의 극한의 활용

1	④	2	②	3	②	4	④	5	3
6	1	7	②	8	③	9	①	10	②
11	②	12	2	13	②	14	①	15	②
16	①	17	③	18	⑤	19	①	20	2

Type 2. 함수의 연속

21	②	22	18	23	③	24	6	25	④
26	①	27	⑤	28	③	29	①	30	①
31	③	32	③	33	④	34	16	35	9
36	④	37	3	38	④	39	⑤	40	③

Type 3. 정적분으로 표현된 함수

41	15	42	5	43	②	44	②	45	20
46	②	47	16	48	①	49	16	50	4
51	④	52	⑤	53	11	54	①	55	7
56	79	57	256	58	④	59	④	60	5

Type 4. 속도와 위치

61	①	62	①	63	32	64	②	65	⑤
66	①	67	3	68	31	69	②	70	③
71	③	72	②	73	③	74	①	75	④
76	④	77	②	78	③	79	⑤	80	④

Type 5. 그래프 해석

81	②	82	③	83	⑤	84	①	85	15
86	④	87	16	88	④	89	③	90	④
91	20	92	①	93	4	94	217	95	55
96	4	97	③	98	39	99	④	100	②

Type 6. 항등식 해석

101	4	102	①	103	⑤	104	19	105	40
106	②	107	⑤	108	⑤	109	②	110	8
111	②	112	33	113	4	114	4	115	1
116	31	117	①	118	④	119	①	120	5

Type 1. 함수의 극한의 활용

001.

정답_④

[그림 : 이호진T]

직선 $y=2tx+5$의 기울기가 $2t$이므로 곡선 $y=-x^2+4$위의 점 중 접선의 기울기가 $2t$인 점에서 직선 $y=2tx+5$에 이르는 거리가 최소이다.

$y'=-2x$에서 접점의 x좌표가 $-t$일 때 접선의 기울기가 $2t$이므로 $\mathrm{P}(-t,\ -t^2+4)$이다.

점 $\mathrm{Q}(0,4)$이므로 직선 PQ의 방정식은 $y=tx+4$이다.

직선 PQ와 직선 $y=2tx+5$이 만나는 점의 x좌표는

$tx+4=2tx+5,\ tx=-1,\ x=-\dfrac{1}{t}$이다.

즉, $\mathrm{R}\left(-\dfrac{1}{t},3\right)$

따라서

$$\overline{\mathrm{PR}}=\sqrt{\left(-t+\frac{1}{t}\right)^2+(-t^2+1)^2}$$
$$=\sqrt{\frac{(t^2-1)^2}{t^2}+(t^2-1)^2}$$
$$=|t^2-1|\sqrt{\frac{1}{t^2}+1}$$
$$=-(t-1)(t+1)\sqrt{\frac{1}{t^2}+1}$$

따라서

$$\lim_{t\to1-}\frac{\overline{\mathrm{PR}}}{1-t}=\lim_{t\to1-}(t+1)\sqrt{\frac{1}{t^2}+1}=2\sqrt{2}$$

002.

정답_②

[출제자 : 오세준T]

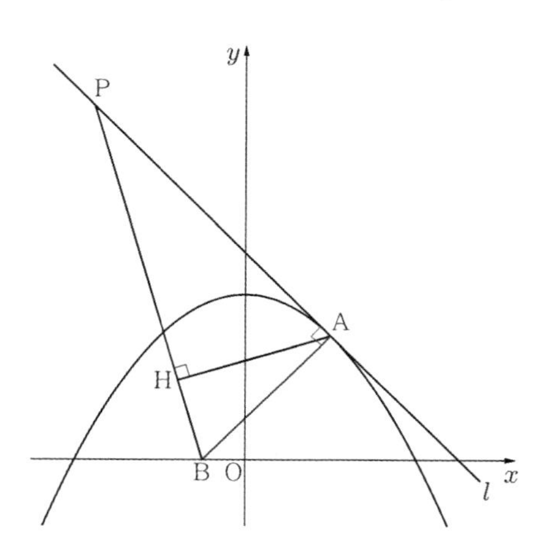

함수 $y=-\dfrac{1}{4}x^2+4$와 직선 $l:x+y=5$의 교점의 좌표는 $\mathrm{A}(2,\ 3)$

직선 AB의 기울기는 $\dfrac{0-3}{-1-2}=1$이므로 $\overline{\mathrm{PA}}\perp\overline{\mathrm{BA}}$

$\overline{\mathrm{PA}}=\sqrt{2}(2-t),\ \overline{\mathrm{AB}}=3\sqrt{2}$,

$\overline{\mathrm{PB}}=\sqrt{(t+1)^2+(5-t)^2}=\sqrt{2t^2-8t+26}$이므로

삼각형 APB의 넓이는

$\dfrac{1}{2}\times\sqrt{2}(2-t)\times3\sqrt{2}=3(2-t)$

$\triangle\mathrm{APB}\backsim\triangle\mathrm{HPA}$이므로

닮음비는 $\overline{\mathrm{BP}}:\overline{\mathrm{PA}}=\sqrt{2t^2-8t+26}:\sqrt{2}(2-t)$이고

넓이비는 $(2t^2-8t+26):2(2-t)^2$이므로

$$S(t)=\triangle\mathrm{APB}\times\frac{2(2-t)^2}{2t^2-8t+26}$$
$$S(t)=3(2-t)\times\frac{2(2-t)^2}{2t^2-8t+26}$$
$$=\frac{6(2-t)^3}{2t^2-8t+26}$$

따라서

$$\lim_{t\to2-}\frac{S(t)}{(2-t)^3}$$
$$=\lim_{t\to2-}\frac{1}{(2-t)^3}\times\frac{6(2-t)^3}{2t^2-8t+26}$$
$$=\lim_{t\to2-}\frac{6}{2t^2-8t+26}$$
$$=\frac{1}{3}$$

003.

정답_②

[그림 : 이호진T]

점 $\mathrm{P}(0,\ -t)$이고 선분 AB의 길이는 직선 $y=2x$의 기울기가 2이므로 곡선 $y=x^2+2tx-t$와 직선 $y=2x$의 교점의 x좌표의 차의 $\sqrt{5}$배이다.

$x^2+2tx-t=2x,\ x^2+2(t-1)x-t=0$

두 근을 $\alpha,\ \beta\ (\alpha<\beta)$라 하면

$\alpha+\beta=-2t+2,\ \alpha\beta=-t$

$(\beta-\alpha)^2=(\alpha+\beta)^2-4\alpha\beta=(-2t+2)^2+4t=4t^2-4t+4$

$\beta-\alpha=\sqrt{4t^2-4t+4}$

$\therefore\ \overline{\mathrm{AB}}=\sqrt{5}\sqrt{4t^2-4t+4}$

한편, $\mathrm{P}(0,\ -t)$에서 직선 $2x-y=0$까지의 거리는

$\dfrac{t}{\sqrt{5}}$이므로

삼각형 PAB의 넓이 $S(t)$는

$$S(t)=\frac{1}{2}\times\sqrt{5}\sqrt{4t^2-4t+4}\times\frac{t}{\sqrt{5}}=\frac{t\sqrt{4t^2-4t+4}}{2}$$

$$\lim_{t\to0+}\frac{S(t)}{t}=\lim_{t\to0+}\frac{\sqrt{4t^2-4t+4}}{2}=1$$

004.

정답_④

[그림 : 이정배T]

$f(x)=-x^4+n^2x^2$라 하면

$f'(x)=-4x^3+2n^2x$이고

$f'(n)=-4n^3+2n^3=-2n^3$이므로

직선 P_nR_n의 기울기가 $-2n^3$이다.

따라서 직선 P_nR_n의 방정식은

$y=-2n^3(x-n)=-2n^3x+2n^4$

$\therefore\ R_n(0,\ 2n^4)$

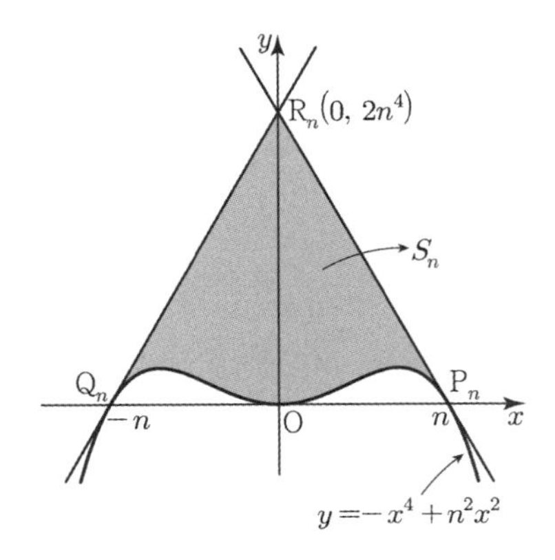

따라서

$\overline{P_nR_n}=\overline{Q_nR_n}=\sqrt{4n^8+n^2}$

$$S_n=2\times\left\{\frac{1}{2}\times n\times2n^4-\int_0^n(-x^4+n^2x^2)dx\right\}$$

$$=2\times\left\{n^5-\left[-\frac{1}{5}x^5+\frac{n^2}{3}x^3\right]_0^n\right\}$$

$$=2\times\left(n^5-\frac{2}{15}n^5\right)=\frac{26}{15}n^5$$

그러므로

$$\lim_{n\to\infty}\frac{S_n}{n\times(\overline{P_nR_n}+\overline{Q_nR_n})}$$

$$=\lim_{n\to\infty}\frac{\frac{26}{15}n^5}{n\times2\sqrt{4n^8+n^2}}$$

$$=\frac{26}{15}\times\frac{1}{4}=\frac{13}{30}$$

005.

정답_3

[출제자 : 김진성T]

곡선 $y=-x^2+3x$와 직선 $y=tx$을 연립하면

$x^2+(t-3)x=0$에서 $A(3-t,3t-t^2)$이고

$B(3-t,0)$이다.

삼각형 OAB의 넓이는

$R(t)=\frac{1}{2}(3-t)\times(3t-t^2)=\frac{1}{2}t(3-t)^2$이고

$S(t)=\int_0^{3-t}\{(-x^2+3x)-(tx)\}dx=\frac{1}{6}(3-t)^3$

이므로

$$\lim_{t\to3^-}\frac{27S(t)}{(3-t)R(t)}=\lim_{t\to3^-}\frac{27\times\frac{1}{6}(3-t)^3}{(3-t)\times\frac{1}{2}t(3-t)^2}=3$$

006.

정답_1

최고차항의 계수가 1이고 점 $A(1,0)$에 접하는 삼차함수 $f(x)$는

$f(x)=(x-1)^2(x+a)$

$f(x)$가 $P(t,(t-1)^2)$를 지나므로

$(t-1)^2=(t-1)^2(t+a)$

그러므로 $a=1-t$

$f(x)=(x-1)^2(x+1-t)$

그러므로 Q의 좌표는 $Q(0,\ 1-t)$이다.

따라서

$\overline{PQ}=\sqrt{t^2+(t^2-t)^2}$

$=\sqrt{t^4-2t^3+2t^2}$

$\overline{AQ}=\sqrt{1+(1-t)^2}=\sqrt{t^2-2t+2}$

$$\lim_{t\to\infty}\frac{\overline{PQ}}{\overline{AQ}^2}=\lim_{t\to\infty}\frac{\sqrt{t^4-2t^3+2t^2}}{t^2-2t+2}=1$$

007.

정답_②

[그림 : 최성훈T]

직선 $y=tx$와 곡선 $y=x^2-2x$가 만나는 점의 x좌표는 방정식 $tx=x^2-2x$의 해이다.

$x^2-(t+2)x=0$

$x\{x-(t+2)\}=0$

$x=0$ 또는 $x=t+2$

따라서 $A(t+2,\ t^2+2t)$이다.

점 A와 점 B는 $x=1$에 대칭이므로 $B(-t,\ t^2+2t)$이다.

따라서 $\overline{AB}=2t+2$

한편, 점 A에서 x축에 내린 수선의 발을 C라 하면
직각삼각형 AOC와 직각삼각형 ABH는 닮음이고
$\overline{AO}:\overline{OC}=\overline{AB}:\overline{AH}$이다.
$\overline{AO}=\sqrt{(t+2)^2+(t+2)^2t^2}=(t+2)\sqrt{t^2+1}$ 이므로
$\overline{AO}:\overline{AC}=\sqrt{t^2+1}:1$
$\therefore\ \overline{AH}=\dfrac{2t+2}{\sqrt{t^2+1}}$
그러므로
$\lim_{t\to\infty}\{\overline{AH}(t+1)-\overline{AB}\}$
$=\lim_{t\to\infty}\left\{\dfrac{(2t+2)(t+1)}{\sqrt{t^2+1}}-(2t+2)\right\}$
$=\lim_{t\to\infty}(2t+2)\left\{\dfrac{(t+1)-\sqrt{t^2+1}}{\sqrt{t^2+1}}\right\}$
$=\lim_{t\to\infty}\dfrac{2t+2}{\sqrt{t^2+1}}\left\{\dfrac{2t}{(t+1)+\sqrt{t^2+1}}\right\}$
$=2\times1=2$

008.

정답_③

$y=x^3+3x+a$ 위의 점 $P(t, f(t))$에서의 접선
$l_1: y-(t^3+3t+a)=(3t^2+3)(x-t)$
l_1이 원점을 지나므로
$0-(t^3+3t+a)=(3t^2+3)(0-t)$
$t^3+3t+a=3t^3+3t$
그러므로 $a=2t^3$
$l_2: y-(3t^3+3t)=-\dfrac{1}{3t^2+3}(x-t)$
$y=0$을 대입하면 $x=9t(t^2+1)^2+t$
$x=0$을 대입하면 $y=\dfrac{t}{3t^2+3}+3t^3+3t$
그러므로 점 $A(9t(t^2+1)^2+t,\ 0)$, $B\left(0,\ \dfrac{t}{3t^2+3}+3t^3+3t\right)$

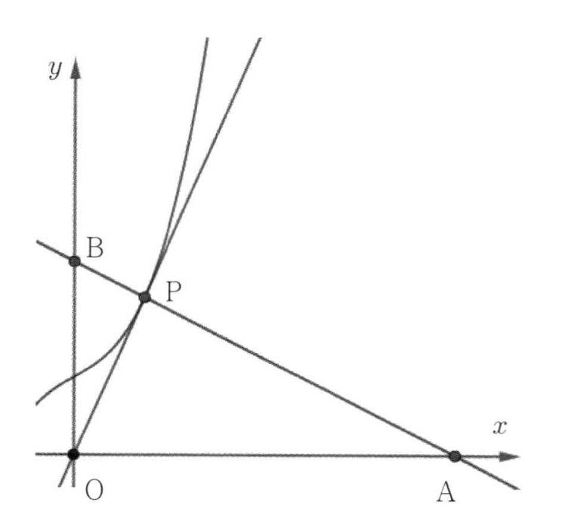

삼각형 OAP와 삼각형 BOP는 닮음이므로
$S_1:S_2=\overline{OA}^2:\overline{OB}^2$
그러므로

$$\lim_{t\to0}\frac{S_2}{S_1}=\lim_{t\to0}\frac{\overline{OB}^2}{\overline{OA}^2}=\lim_{t\to0}\left\{\frac{\frac{t}{3t^2+3}+3t^3+3t}{9t(t^2+1)^2+t}\right\}^2=\frac{1}{9}$$

009.

정답_①

[출제자 : 김종렬T] [그림 : 이호진T]

곡선 C 위의 점 $(t,\ t^2)$에서의 접선은 $y=2tx-t^2$이
접선이 직선 l 위의 점 $P(k,\ k-1)$을 지나므로
$k-1=2tk-t^2,\ t^2-2kt+k-1=0$ ……㉠
방정식 ㉠의 두 근이 $\alpha,\ \beta\ (\alpha<\beta)$이므로
$\alpha+\beta=2k,\ \alpha\beta=k-1$ ……㉡
$S=\int_\alpha^k\{x^2-(2\alpha x-\alpha^2)\}dx+\int_k^\beta\{x^2-(2\beta x-\beta^2)\}dx$
$=\int_\alpha^{\frac{\alpha+\beta}{2}}(x-\alpha)^2dx+\int_{\frac{\alpha+\beta}{2}}^\beta(x-\beta)^2dx=\dfrac{1}{12}(\beta-\alpha)^3$
$\left(\because\ k=\dfrac{\alpha+\beta}{2}\right)$
$\therefore\ \dfrac{S}{\beta-\alpha}=\dfrac{1}{12}(\beta-\alpha)^2$
㉡에서
$(\beta-\alpha)^2=(\beta+\alpha)^2-4\alpha\beta=4k^2-4(k-1)$
$=4(k^2-k+1)$
$\therefore\dfrac{S}{\beta-\alpha}=\dfrac{1}{12}(\beta-\alpha)^2=\dfrac{1}{3}(k^2-k+1)$
$=\dfrac{1}{3}\left(k-\dfrac{1}{2}\right)^2+\dfrac{1}{4}\ge\dfrac{1}{4}$
따라서 최솟값은 $\dfrac{1}{4}$이다.

010.

정답_②

[그림 : 이호진T]

점 A를 (t^2, t)라 하면
점 B의 좌표는 $(5-t, t)$이다.
따라서 $\overline{AB}=5-t-t^2$
삼각형 OAB의 넓이는 $f(t)$라 하면
$f(t)=\dfrac{1}{2}\times(-t^2-t+5)\times t$
$=\dfrac{1}{2}(-t^3-t^2+5t)$
$f'(t)=\dfrac{1}{2}(-3t^2-2t+5)$

$=-\frac{1}{2}(3t^2+2t-5)$

$=-\frac{1}{2}(t-1)(3t+5)$

함수 $f(t)$는 $t=1$에서 극댓값을 갖는다.

따라서 삼각형 OAB의 넓이의 최댓값은

$f(1)=\frac{1}{2}(-1-1+5)=\frac{3}{2}$

011.

정답_②

최고차항의 계수가 1이고 점 $A(-1, 0)$에 접하는 삼차함수 $f(x)$는

$f(x)=(x+1)^2(x+a)$

$f(x)$가 $P(t, (t+1)^2)$를 지나므로

$(t+1)^2=(t+1)^2(t+a)$

그러므로 $a=1-t$

$f(x)=(x+1)^2(x+1-t)$

그러므로 Q의 좌표는 $Q(0, 1-t)$

$\overline{AP}=\sqrt{(t+1)^2+(t+1)^4}=|t+1|\sqrt{1+(t+1)^2}$

$=|t+1|\sqrt{t^2+2t+2}$

$\overline{AQ}=\sqrt{1+(1-t)^2}=\sqrt{t^2-2t+2}$

$\lim_{t\to\infty}\frac{\overline{AP}-(t+1)\overline{AQ}}{t}$

$=\lim_{t\to\infty}\frac{|t+1|\sqrt{t^2+2t+2}-(t+1)\sqrt{t^2-2t+2}}{t}$

$=\lim_{t\to\infty}\frac{(t+1)\sqrt{t^2+2t+2}-(t+1)\sqrt{t^2-2t+2}}{t}$

($\because t\to\infty$ 일 때 $|t+1|=t+1$이므로)

$=\lim_{t\to\infty}\frac{4t(t+1)}{t(\sqrt{t^2+2t+2}+\sqrt{t^2-2t+2})}$

$=\lim_{t\to\infty}\frac{4\left(1+\frac{1}{t}\right)}{\sqrt{1+\frac{2}{t}+\frac{2}{t^2}}+\sqrt{1-\frac{2}{t}+\frac{2}{t^2}}}=2$

012.

정답_2

[그림 : 이호진T]

삼차함수 $f(x)$가 원점 대칭이므로 $f(a)=f(-a)=0$이고 원점 $(0, 0)$을 지나므로

$f(x)=x(x+a)(x-a)$

$\quad=x^3-a^2x$ 라 할 수 있다.

$f'(x)=3x^2-a^2$에서 $x=a$에서의 접선의 기울기는 $f'(a)=2a^2$이다.

따라서 $A(a, 0)$에서의 접선의 방정식은

$y=2a^2(x-a)=2a^2x-2a^3$이다.

$\therefore B(0, -2a^3)$

따라서 함수 $y=f(x)$의 그래프와 두 선분 AB, BC로 둘러싸인 부분의 넓이는 다음 그림과 같이 삼각형 ABC의 넓이와 같다.

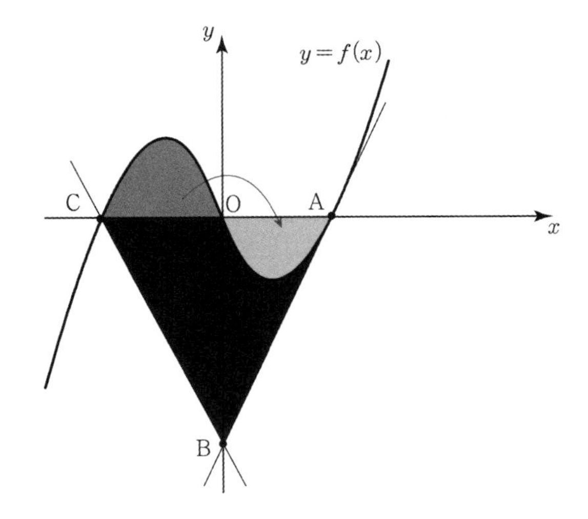

삼각형 ABC의 밑변을 $\overline{AC}$, 높이를 h라 하면

$\overline{AC}=2a$, $h=2a^3$에서

$S(a)=\frac{1}{2}\times 2a\times 2a^3=2a^4$

그러므로

$\lim_{a\to\infty}\frac{S(a)}{a^4+1}=\lim_{a\to\infty}\frac{2a^4}{a^4+1}=2$

013.

정답_②

[출제자 : 최성훈T]

$y=x^2$의 점 $A(a, a^2)$에서의 접선의 기울기는 $2a$이므로

l의 기울기는 $-\frac{1}{2a}$이다.

따라서 $l : y-a^2=-\frac{1}{2a}(x-a)$ 정리하면

$y=-\frac{1}{2a}x+a^2+\frac{1}{2}$이다.

직선 l의 y절편이 $a^2+\frac{1}{2}$이므로 $\overline{BC}=\frac{1}{2}$, 따라서

삼각형 ABC의 넓이는 $\frac{1}{2}\times a\times\frac{1}{2}=\frac{1}{4}a$

직선 l과 $y=x^2$, y축으로 둘러싸인 부분의 넓이는

$\int_0^a\left(-\frac{1}{2a}x+a^2+\frac{1}{2}-x^2\right)dx$

$=\left[-\frac{1}{3}x^3-\frac{1}{4a}x^2+\left(a^2+\frac{1}{2}\right)x\right]_0^a$

$= \frac{2}{3}a^3 + \frac{1}{4}a$

따라서 $\frac{2}{3}a^3 + \frac{1}{4}a = \frac{1}{4}a \times 25$, $a > 0$ 이므로 $a = 3$

$\therefore\ a = 3$

014.

정답_①

[출제자 : 김종렬T] [그림 : 배용제T]

$P(t,\ t^2)$에서 $\overline{OP} = \sqrt{t^4 + t^2}$ 이고 직선 OP의 기울기가 t이므로 직선 l의 방정식은

$y - t^2 = -\frac{1}{t}(x - t)\quad \therefore\ y = -\frac{1}{t}x + t^2 + 1$

직선 l과 직선 y축과의 교점은 $Q(0,\ t^2 + 1)$ 이다.
따라서

$\overline{OP} = \sqrt{t^4 + t^2}$, $\overline{PQ} = \sqrt{t^2 + 1}$, $\overline{OQ} = t^2 + 1$ 이다.

$\triangle OPQ$ 의 내접원의 반지름 $r(t)$ 를 구하면

$\left(\sqrt{t^4 + t^2} - r(t)\right) + \left(\sqrt{t^2 + 1} - r(t)\right) = t^2 + 1$

$\therefore\ r(t) = \frac{1}{2}\left(\sqrt{t^4 + t^2} + \sqrt{t^2 + 1} - (t^2 + 1)\right)$

$$\lim_{t\to\infty}\frac{r(t)}{t} = \frac{(t^2+1)^2 + 2\sqrt{(t^4+t^2)(t^2+1)} - (t^2+1)^2}{2t\left(\sqrt{t^4+t^2} + \sqrt{t^2+1} + (t^2+1)\right)}$$

$= \frac{1}{2}$

다른 풀이 - 최수영T

$\triangle OPQ$ 넓이에 의해

$\frac{1}{2} \times \overline{OQ} \times \overline{PH} = \frac{1}{2} \times r(t) \times (\overline{OP} + \overline{PQ} + \overline{OQ})$

$\frac{1}{2} \times (t^2 + 1) \times t = \frac{1}{2} \times r(t) \times \left(\sqrt{t^4 + t^2} + \sqrt{t^2 + 1} + t^2 + 1\right)$

$\therefore r(t) = \frac{(t^2+1) \times t}{\left(\sqrt{t^4 + t^2} + \sqrt{t^2 + 1} + t^2 + 1\right)}$

$$\lim_{t\to\infty}\frac{r(t)}{t} = \lim_{t\to\infty}\frac{(t^2+1)}{\left(\sqrt{t^4+t^2} + \sqrt{t^2+1} + t^2 + 1\right)}$$

$$= \lim_{t\to\infty}\frac{1 + \frac{1}{t^2}}{\sqrt{1 + \frac{1}{t^2}} + \sqrt{\frac{1}{t^2} + \frac{1}{t^4}} + 1 + \frac{1}{t^2}} = \frac{1}{2}$$

015.

정답_②

[출제자 : 정찬도T]

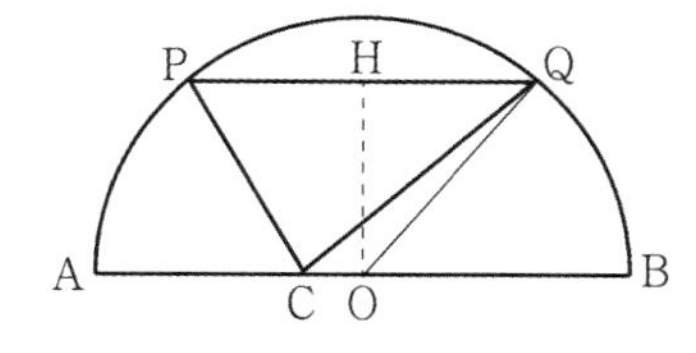

선분 AB의 중점을 O, 선분 PQ의 중점을 H라 하면

$\overline{OQ} = 1$, $\overline{HQ} = \frac{t}{2}$ 이므로 $\overline{OH} = \sqrt{1 - \frac{t^2}{4}} = \frac{\sqrt{4 - t^2}}{2}$ 이고

$S(t) = \frac{1}{2} \times t \times \frac{\sqrt{4 - t^2}}{2} = \frac{t}{4}\sqrt{4 - t^2}$ 이므로

$$\lim_{t\to 2-}\frac{S(t)}{\sqrt{2-t}} = \lim_{t\to 2-}\frac{\frac{t}{4}\sqrt{4-t^2}}{\sqrt{2-t}} = \lim_{t\to 2-}\frac{t}{4}\sqrt{2+t} = 1$$

이다.

016.

정답_①

[그림 : 서태욱T]

직선 l은 기울기가 -1이고 y절편이 $f(t)$이므로

$l\ :\ y = -x + f(t)$

$\overline{AB} = 2t$이므로 점 A에서 y축에 평행한 직선과 점 B에서 x축에 평행한 직선을 그을 때, 만들어지는 삼각형이 직각이등변 삼각형이다. 따라서 $1 : 1 : \sqrt{2}$ 에서 점 A의 x좌표를 a라 하면 점 B의 x좌표는 $a + \sqrt{2}t$이다.

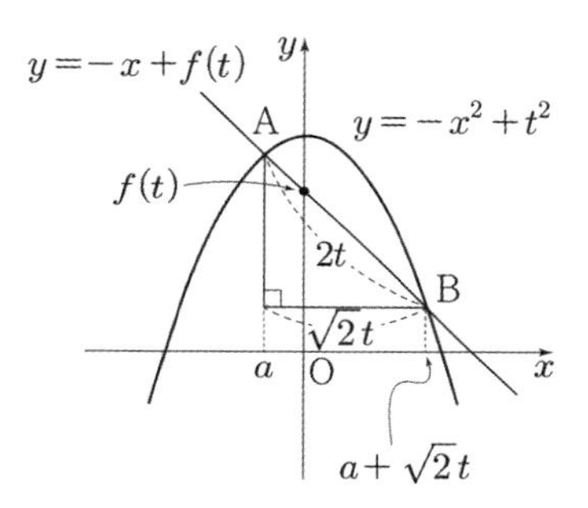

그러므로

$-x^2 + t^2 = -x + f(t)$

$x^2 - x + f(t) - t^2 = 0$의 두 실근이 a, $a + \sqrt{2}t$이다.

근과 계수와의 관계에서

$a + a + \sqrt{2}t = 1$

$\therefore\ a = \frac{1 - \sqrt{2}t}{2}$

$a\left(a + \sqrt{2}t\right) = f(t) - t^2$

$\frac{1 - \sqrt{2}t}{2} \times \frac{1 + \sqrt{2}t}{2} = f(t) - t^2$

$f(t) = \frac{1 - 2t^2}{4} + t^2 = \frac{2t^2 + 1}{4}$

$\therefore\ \lim_{t\to\infty}\frac{f(t)}{t^2} = \frac{1}{2}$

017.

정답_③

[그림 : 이정배T]

점 P, Q 의 좌표는 각각 $(t,\ \sqrt{t})$, $(\alpha,\ 0)$ 이다.

반원의 반지름의 길이를 r 라 하면 반원의 방정식은

$(x-\alpha)^2+y^2=r^2\ (y\geq 0)$이므로

$(t-\alpha)^2+t=r^2\ (t>0)$ $\cdots$ ㉠

$t^2-(2\alpha-1)t+(\alpha^2-r^2)=0$

이 식이 중근을 가지므로

$D=(2\alpha-1)^2-4(\alpha^2-r^2)=0$

$\therefore\ r^2=\alpha-\dfrac{1}{4}$ $\cdots$ ㉡

이때, ㉡을 ㉠에 대입하여 정리하면

$\left\{t-\left(\alpha-\dfrac{1}{2}\right)\right\}^2=0$

$\therefore\ \alpha=t+\dfrac{1}{2}$ $\cdots$ ㉢

그러므로

$\lim\limits_{t\to 0+}\alpha=\lim\limits_{t\to 0+}\left(t+\dfrac{1}{2}\right)=\dfrac{1}{2}$

018.

정답_⑤

[그림 : 최성훈T]

곡선 $y=\dfrac{1}{2}x^2$위의 점 P의 좌표를 $\mathrm{P}\left(a,\ \dfrac{1}{2}a^2\right)$이라 하면

$\overline{\mathrm{OP}}$의 중점을 R라 할 때 점 R의 좌표는

$\mathrm{R}\left(\dfrac{1}{2}a,\ \dfrac{1}{4}a^2\right)$이다.

이때, $\overline{\mathrm{OP}}$의 기울기가 $\dfrac{\frac{1}{2}a^2-0}{a-0}=\dfrac{1}{2}a$이므로 $\overline{\mathrm{RQ}}$의

기울기는 $-\dfrac{2}{a}$이다.

즉, 두 점 R, Q를 지나는 직선의 방정식은

$y-\dfrac{1}{4}a^2=-\dfrac{2}{a}\left(x-\dfrac{1}{2}a\right)$

$\therefore y=-\dfrac{2}{a}x+\dfrac{1}{4}a^2+1$

따라서 점 Q의 좌표 $\mathrm{Q}(0,\ b)$에서

$b=\dfrac{1}{4}a^2+1$

$\therefore\ \lim\limits_{a\to 0+}b=\lim\limits_{a\to 0+}\left(\dfrac{1}{4}a^2+1\right)=1$

019.

정답_①

$\overline{\mathrm{OP}}=t,\ \overline{\mathrm{PQ}}=\sqrt{t}$ 이므로

$\overline{\mathrm{OQ}}=\sqrt{t^2+(\sqrt{t})^2}=\sqrt{t^2+t}=\overline{\mathrm{OR}}$

따라서

$\overline{\mathrm{PR}}=\sqrt{\overline{\mathrm{OR}}^2+\overline{\mathrm{OP}}^2}=\sqrt{t^2+t+t^2}=\sqrt{2t^2+t}$

이므로

$\lim\limits_{t\to\infty}(\overline{\mathrm{PR}}-\sqrt{2}\,\overline{\mathrm{OP}})$

$=\lim\limits_{t\to\infty}(\sqrt{2t^2+t}-\sqrt{2}t)$

$=\lim\limits_{t\to\infty}\dfrac{2t^2+t-2t^2}{\sqrt{2t^2+t}+\sqrt{2}t}$

$=\lim\limits_{t\to\infty}\dfrac{t}{\sqrt{2t^2+t}+\sqrt{2}t}=\dfrac{1}{2\sqrt{2}}=\dfrac{\sqrt{2}}{4}$

020.

정답_2

무리함수 $y=\sqrt{ax+b}\ (a>0)$의 그래프가 두 점

$\mathrm{A}(-1,\ 0)$, $\mathrm{P}(t,\ t+2)$을 지나므로

$0=\sqrt{-a+b}$에서 $a=b$

$t+2=\sqrt{a(t+1)}$에서 $a=\dfrac{(t+2)^2}{t+1}$이다.

따라서 함수 $f(x)$의 그래프가 y축과 만나는 점은 $x=0$을 대입하면 $(0,\ \sqrt{b})$이므로

$\mathrm{Q}\left(0,\ \sqrt{\dfrac{(t+2)^2}{t+1}}\right)$

따라서 $\overline{\mathrm{OQ}}=\sqrt{\dfrac{(t+2)^2}{t+1}}$

$\overline{\mathrm{AP}}=\sqrt{(t+1)^2+(t+2)^2}=\sqrt{2t^2+6t+5}$

그러므로

$\lim\limits_{t\to\infty}\dfrac{\overline{\mathrm{AP}}}{\overline{\mathrm{OQ}}^2}$

$=\lim\limits_{t\to\infty}\dfrac{\sqrt{2t^2+6t+5}}{\frac{(t+2)^2}{t+1}}$

$=\lim\limits_{t\to\infty}\dfrac{(t+1)\sqrt{2t^2+6t+5}}{(t+2)^2}=\sqrt{2}$

따라서 $k=\sqrt{2}$이므로 $k^2=2$이다.

Type 2. 함수의 연속

021.
정답_②

$\lim_{x\to 2} g(x) \neq g(2)$이므로 함수 $g(x)$는 $x=2$에서 불연속이다.

따라서 $f(2)=0$ 또는 $f(0)=0$이다.

(i) $f(2)=0$인 경우

$\lim_{x\to 2}\frac{f(x)+1}{f(x)f(x-2)}$에서

(분모)→0일 때, (분자)→1이므로 극한값이 존재하지 않으므로 모순이다.

(ii) $f(0)=0$인 경우

$\lim_{x\to 2}\frac{f(x)+1}{f(x)f(x-2)}$에서

(분모)→0일 때, (분자)→0이어야 수렴하므로

$f(2)+1=0$에서 $f(2)=-1$이다.

따라서

$f(x)=x(x-2)(x-\alpha)-\frac{1}{2}x$라 할 수 있다.

$\lim_{x\to 2} g(x)=g(2)-1$에서 $g(2)=3$이므로 $\lim_{x\to 2} g(x)=2$이다.

$$\lim_{x\to 2}\frac{f(x)+1}{f(x)f(x-2)}$$

$$=\lim_{x\to 2}\frac{x(x-2)(x-\alpha)-\frac{1}{2}x+1}{\left\{x(x-2)(x-\alpha)-\frac{1}{2}x\right\}\left\{(x-2)(x-4)(x-2-\alpha)-\frac{1}{2}(x-2)\right\}}$$

$$=\lim_{x\to 2}\frac{(x-2)\left\{x(x-\alpha)-\frac{1}{2}\right\}}{\left\{x(x-2)(x-\alpha)-\frac{1}{2}x\right\}\left\{(x-2)(x-4)(x-2-\alpha)-\frac{1}{2}(x-2)\right\}}$$

$$=\lim_{x\to 2}\frac{x(x-\alpha)-\frac{1}{2}}{\left\{x(x-2)(x-\alpha)-\frac{1}{2}x\right\}\left\{(x-4)(x-2-\alpha)-\frac{1}{2}\right\}}$$

$$=\frac{2(2-\alpha)-\frac{1}{2}}{-\left\{-2(-\alpha)-\frac{1}{2}\right\}}$$

$$=\frac{4-2\alpha-\frac{1}{2}}{-2\alpha+\frac{1}{2}}=2$$

$$-2\alpha+\frac{7}{2}=-4\alpha+1$$

$$2\alpha=-\frac{5}{2}$$

에서 $\alpha=-\frac{5}{4}$이다.

따라서

$f(x)=x(x-2)\left(x+\frac{5}{4}\right)-\frac{1}{2}x$에서

$$f(4)=4\times 2\times\frac{21}{4}-2$$
$$=42-2=40$$

022.
정답_18

[그림 : 서태욱T]

(i) 함수 $\frac{1}{|f(x)|}$가 열린구간 (a, ∞)에서 연속일 때,

함수 $\frac{1}{|f(x)|}$는 $f(x)=0$인 x값에서 불연속이다. 즉,

$x<2a$일 때, $-x+a=0$, $x=a$에서 불연속이다.

$x>a$에서 함수 $\frac{1}{|f(x)|}$가 연속이기 위해서는

$x\ \geq\ 2a$에서 $x^2-2a>0$이어야 한다. 이때 함수 $f(x)$는 그림과 같이 $x=2a$에서 불연속이다.

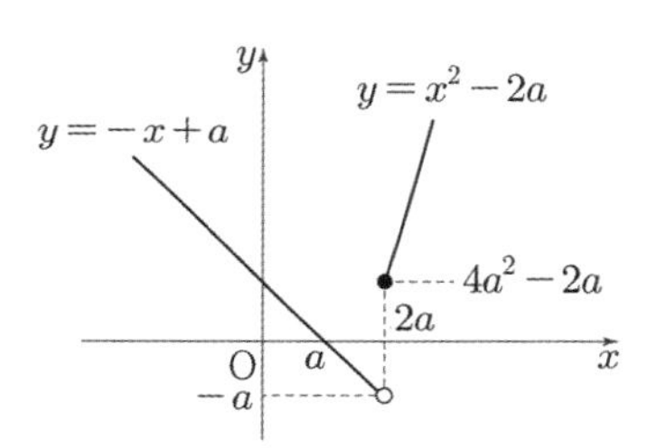

이때, $|f(x)|$가 $x=2a$에서 연속이기 위해서는

$4a^2-2a=-(-a)$

$a(4a-3)=0$

$\therefore\ a=\frac{3}{4}$

그러므로 $p=\frac{3}{4}$

(ii) 함수 $\frac{1}{|f(x)|}$가 열린구간 $(a,\ k)$에서 연속일 때,

함수 $\frac{1}{|f(x)|}$는 $f(x)=0$인 x값에서 불연속이다. 즉,

$x<2a$일 때, $-x+a=0$, $x=a$에서 불연속이다.

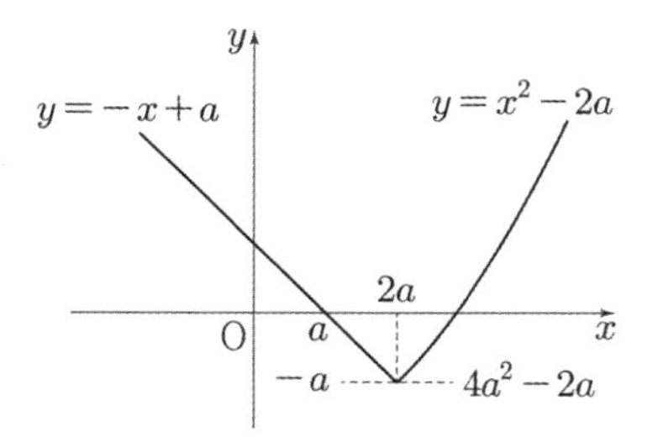

열린구간 (a, k)에서 함수 $\frac{1}{|f(x)|}$가 연속이기 위해서는 $x=2a$에서 함수 $f(x)$가 연속이어야 한다. ($\because k>2a$)

$4a^2-2a=-a$

$a(4a-1)=0$

$\therefore a=\frac{1}{4}$

$$f(x)=\begin{cases}-x+\frac{1}{4}\left(x<\frac{1}{2}\right)\\ x^2-\frac{1}{2}\ \left(x\ge\frac{1}{2}\right)\end{cases}$$

그러므로 $q=\frac{1}{4}$

$x^2-\frac{1}{2}=0$에서 $x=\pm\frac{\sqrt{2}}{2}$

그러므로 $r=\frac{\sqrt{2}}{2}$

$16(p^2+q^2+r^2)=16\left(\frac{9}{16}+\frac{1}{16}+\frac{1}{2}\right)=9+1+8=18$

023.

정답_③

[출제자 : 최성훈T]

$f(x)$는 $x=0$에서 불연속이지만, $g(x)$, $h(x)$는 연속이므로 $g(0)=0$, $h(0)=0$

$f(-1)=0$, $f(1)=0$, $f(2)=0$이므로

$h(-1)=h(1)=h(2)=0$

따라서 $h(x)=x(x-1)(x-2)(x+1)$, $f(0)=2$이므로

$$\therefore g(f(0))=g(2)=\lim_{x\to2}\frac{h(x)}{f(x)}$$

$$=\lim_{x\to2}\frac{x(x-1)(x-2)(x+1)}{(x-1)(x-2)}$$

$$=2\times3=6$$

다른 풀이 - 이소영T

$h(x)$는 다항함수이므로 실수 전체에서 연속이다.

$h(x)=f(x)g(x)$인데 함수 $f(x)$가 불연속인 $x=0$에서 $h(x)=f(x)g(x)$는 연속이 되어야 하고, $g(x)$ 또한 $x=0$을 기준으로 구간함수가 되어야 사차함수 $h(x)$가 정의된다.

$g(x)=\begin{cases}g_1(x)\ (x<0)\\ g_2(x)\ (x\ge0)\end{cases}$이고,

$\lim_{x\to0+}f(x)g_2(x)=\lim_{x\to0-}f(x)g_1(x)=h(0)$

$\lim_{x\to0+}g_2(x)=\lim_{x\to0-}g_1(x)=g(0)=0$

이다. 따라서 $y=g_1(x)$, $y=g_2(x)$는 x를 인수로 갖는다.

$$h(x)=\begin{cases}(3x+3)g_1(x) & (x<0)\\ (x-1)(x-2)g_2(x) & (x\ge0)\end{cases}$$

또한 함수 $h(x)$는 최고차항이 1인 사차함수이므로

$g_1(x)=\frac{1}{3}x(x^2+mx+n)$이라 할 수 있고,

$g_2(x)=x(x+p)$라고 할 수 있다.

$h(x)=$

$\frac{1}{3}x(3x+3)(x^2+mx+n)=(x-1)(x-2)x(x+p)$

이므로

$h(x)=x(x+1)(x^2+mx+n)=(x-1)(x-2)x(x+p)$

$p=1$, $x^2+mx+n=(x-1)(x-2)$이므로 $m=-3$, $n=2$이다.

따라서 $g(x)=\begin{cases}\frac{1}{3}x(x^2-3x+2) & (x<0)\\ x(x+1) & (x\ge0)\end{cases}$이다.

구하는 값 $g(f(0))=g(2)=6$이다.

024.

정답_6

$$g(x)=\begin{cases}f(x) & (x\le0)\\ -(x-1)(x-2) & (x>0)\end{cases}$$

$x\le0$에서 함수 $g(x)=f(x)$로 연속이고 $x>0$에서도 $g(x)=-(x-1)(x-2)$로 연속이다.

따라서 함수 $g(x)$가 $x=0$에서 연속이면 모든 실수에서 연속이므로 함수 $g(x)g(x-k)$는 k의 값에 관계없이 실수 전체의 집합에서 연속이게 된다.

따라서 함수 $g(x)$는 $x=0$에서 불연속이어야 한다.

(i) $k=0$인 경우

$g(x)g(x-k)=\{g(x)\}^2$

이 실수 전체의 집합에서 연속이기 위해서는

$\{g(0)\}^2=\lim_{x\to0-}\{g(x)\}^2=\lim_{x\to0+}\{g(x)\}^2$이고

$\lim_{x\to0+}\{g(x)\}^2=(-2)^2=4$

따라서 $\{g(0)\}^2=4$

즉, $g(0)=2$ ⋯㉠이면 함수 $g(x)g(x-k)$는 실수 $k=0$일 때 실수 전체의 집합에서 연속이다.

(ii) $k\ne0$인 경우

$g(x)$가 $x=0$에서만 불연속이므로 $g(x-k)$는 $x=k$에서만 불연속이다.

이때, $g(x)g(x-k)$가 실수 전체의 집합에서 연속이려면 $g(x)g(x-k)$가 $x=0$에서 연속이어야 하므로 $g(-k)=0$

$g(x)g(x-k)$가 $x=k$에서 연속이어야 하므로 $g(k)=0$

이어야 한다. 즉, $g(k)=g(-k)=0$

인 실수 k $(k\ne0)$이 존재해야 하는데, $x>0$일 때, $g(1)=g(2)=0$이므로

$x\le0$일 때, $g(-1)=g(-2)=0$이어야 한다.

따라서

$$g(x)=\begin{cases} a(x+1)(x+2) & (x \le 0) \\ -(x-1)(x-2) & (x>0) \end{cases}$$

㉠에서 $a=1$

$$g(x)=\begin{cases} (x+1)(x+2) & (x \le 0) \\ -(x-1)(x-2) & (x>0) \end{cases}$$

따라서 $g(-4)=(-3)\times(-2)=6$

025.

정답_④

조건 (가)에서

$\lim_{x\to a+} f(x)=-2a+b$

$\lim_{x\to a-} f(x)=a$

그러므로

$\lim_{x\to a+} f(x)+\lim_{x\to a-} f(x)=b-a=15 \cdots *$

조건 (나)에서

$g(x)=f(x)+b$라 두면 $f(x)$는 $x\neq a$인 모든 실수 x에 대하여 연속이므로 $\lim_{x\to a+} g(x)=g(a)$이거나 $\lim_{x\to a+} g(x)=-g(a)$이면 $|g(x)|$는 실수 전체의 집합에서 연속이다.

(ⅰ) $\lim_{x\to a+} g(x)=g(a)$

$a+b=-2a+2b$

그러므로 $3a=b$

조건 *에 의하여 $a=\dfrac{15}{2}$, $b=\dfrac{45}{2}$이므로

조건 $a+b<0$를 만족하지 않는다.

(ⅱ) $\lim_{x\to a+} g(x)=-g(a)$

$a+b=2a-2b$

그러므로 $a=3b$

조건 *에 의하여 $a=-\dfrac{15}{2}$, $b=-\dfrac{45}{2}$일 때 성립한다.

그러므로 $a+b=-30$

026.

정답_①

[출제자 : 김수T]

$\lim_{x\to 1-} f(x)=1+a,\ \lim_{x\to 1+} f(x)=3$

$\Rightarrow f(x)$는 $x=1$에서 불연속 ($\because a\neq 2$)

이고, 주어진 조건에 의해

$f(x)+g(x)$가 $x=1$에서 연속 $\Rightarrow g(x)$는 $x=1$에서 불연속

이므로 문제에 주어진 $g(x)$의 식의 구간에서

$a=1$

임을 알 수 있다.

한편, $f(x)+g(x)$가 $x=1$에서 연속이므로

$\lim_{x\to 1-}\{f(x)+g(x)\}=4+b,$

$\lim_{x\to 1+}\{f(x)+g(x)\}=3+1-b-c$

에서

$4+b=4-b-c \Rightarrow 2b=-c \cdots$ ㉠

을 얻고, $\{f(x)\}^2-\{g(x)\}^2$이 $x=1$에서 연속이므로

$4-(2+b)^2=9-(1-b-c)^2$

$\Rightarrow -b^2-4b=-b^2-2b+8$ ($\because$ ㉠)

$\Rightarrow b=-4, c=8$

를 얻는다.

$\therefore g(2)=4+8-8=4$

027.

정답_⑤

[출제자 : 정일권T]

함수 $g(x)$가 실수 전체의 집합에서 연속이므로

$x=-1$에서 연속 ; $f(-1)-f(1)=\{f(-2)\}^2 \cdots$ ㉠

$x=1$에서 연속 ; $f(1)-f(-1)=\{f(0)\}^2$

이고, 위의 두 식을 더하면

$\{f(-2)\}^2+\{f(0)\}^2=0$

$\therefore f(-2)=f(0)=0$

따라서 $f(-1)=f(1)$ ($\because$ ㉠) $\cdots$ ㉡

$f(x)=x(x+2)(x+a)$로 놓으면

$-(-1+a)=3(1+a)$; $a=-\dfrac{1}{2}$ ($\because$ ㉡)

$\therefore f(x)=x(x+2)\left(x-\dfrac{1}{2}\right)$

$\therefore g(3)=\{f(2)\}^2=144$

028.

정답_③

함수 $\dfrac{f(x)}{g(x)}$는

$$\frac{f(x)}{g(x)}=\begin{cases} \dfrac{x-2}{x(x-1)(x-3)} & (x<a) \\ \dfrac{x-2}{x(x-1)} & (x\ge a) \end{cases}$$ 이고

$\dfrac{x-2}{x(x-1)(x-3)}=\dfrac{x-2}{x(x-1)}$에서

$x\neq 0, x\neq 1, x\neq 3$이면 $\dfrac{x-2}{x-3}=x-2$이다.

따라서

$x-2=(x-2)(x-3)$

$(x-2)(x-4)=0$

$x=2$ 또는 $x=4$이다.

그러므로 함수 $\dfrac{f(x)}{g(x)}$는 $a=2$ 또는 $a=4$일 때는

$x=a$에서 연속이다.

a의 값에 따른 함수 $h(a)$는 다음과 같다.

$a<0$ 일 때, $x=a,\ x=0,\ x=1,\ x=3$ 불연속으로

$h(a)=4$

$a=0$ 일 때, $x=0,\ x=1,\ x=3$에서 함수가 정의되지 않음으로 불연속이고 $h(a)=h(0)=3$

$0<a<1,\ h(a)=4$

$h(1)=3$

$1<a<2,\ h(a)=4$

$h(2)=3$

$2<a<3,\ h(a)=4$

$h(3)=3$

$3<a<4,\ h(a)=4$

$h(4)=3$

$a>4,\ h(a)=4$

그러므로

$h(a)=3$를 만족시키는 a의 최솟값은 0이다.

$h(a)=3$을 만족시키는 a의 최댓값은 4이다.

따라서 $m+M=4$

029.

정답_①

함수 $g(x)$가 실수 전체의 집합에서 연속이므로 함수 $g(x)$는 $x=1$에서 연속이다.

$g(1)=\lim_{x\to 1-}\dfrac{f(x)}{1-x}=\lim_{x\to 1+}f(x-2)=f(-1)$에서

$f(1)=0$이므로 $f(x)=(x-1)(x+k)$라 할 수 있다.

$\lim_{x\to 1-}\dfrac{(x-1)(x+k)}{1-x}=-1-k$

$f(-1)=-2(-1+k)=2-2k$

$-1-k=2-2k$

$\therefore\ k=3$

따라서 $f(x)=(x-1)(x+3)$이다.

$f(2)=1\times 5=5$

030.

정답_①

[출제자 : 오세준T]

함수 $g(x)$는 실수 전체의 집합에서 연속이므로 함수 $g(x)$가 $x=a$에서 연속이어야 한다.

(i) $a>1$일 때

$(a+1)f(a)=\dfrac{f(a)}{a-1}$

$f(a)=(a+1)(a-1)f(a)$이므로 $a=\pm\sqrt{2}$ 또는 $f(a)=0$

$a>1$이므로 $f(a)=0$

(ii) $a=1$일 때

함수 $g(x)$가 $x=1$에서 연속이어야 한다.

$\lim_{x\to 1-}(x+1)f(x)=\lim_{x\to 1+}\dfrac{f(x)}{x-1}=2f(1)$이므로 함수 $f(x)$는 $(x-1)^2$을 인수로 갖는다.

(iii) $a<1$일 때, $g(1)$이 정의되지 않음으로 연속인 $g(x)$가 존재할 수 없다.

따라서 $f(x)$는 $f(x)=(x-1)^2(x-a)\ (a>1)$이다.

$$g(x)=\begin{cases}(x+1)(x-1)^2(x-a) & (x\le a)\\ (x-1)(x-a) & (x>a)\end{cases}$$

또한 $x=a$에서 연속이어야 하므로

$(x+1)(x-1)^2(x-a)=(x-1)(x-a)$

$(x+1)(x-1)^2(x-a)-(x-1)(x-a)=0$

$(x-1)(x-a)\{(x+1)(x-1)-1\}=0$

$(x-1)(x-a)(x^2-2)=0$에서 $X=\{1,\ a,\ \pm\sqrt{2}\}$

조건 (가)에서 집합 X의 모든 원소의 합이 4이므로 $a=3$이다.

그러므로 $f(x)=(x-1)^2(x-3)$

$\therefore\ f(4)=9$

031.

정답_③

$f(x)=(x-1)(x-4)$이므로

$$g(x)=\begin{cases}x(x-3) & (x\le k)\\ (x-3)(x-6) & (x>k)\end{cases}$$ 이다.

따라서 $$g(-x)=\begin{cases}x(x+3) & (x\ge -k)\\ (x+3)(x+6) & (x<-k)\end{cases}$$

이므로

(i) $k\ge 0$일 때,

$$g(x)g(-x)=\begin{cases}(x+3)(x+6)x(x-3) & (x<-k)\\ x^2(x+3)(x-3) & (-k\le x\le k)\\ x(x+3)(x-3)(x-6) & (x>k)\end{cases}$$

함수 $g(x)g(-x)$의 구간별 함수식에서

① $k=3$이면

$$g(x)g(-x)=\begin{cases}(x+3)(x+6)x(x-3) & (x<-3)\\ x^2(x+3)(x-3) & (-3\le x\le 3)\\ x(x+3)(x-3)(x-6) & (x>3)\end{cases}$$

으로 구간의 경계에서 모두 x축과 만나므로 연속이다.

② $k=0$이면

$$g(x)g(-x)=\begin{cases}(x+3)(x+6)x(x-3) & (x<0)\\ 0 & (x=0)\\ x(x+3)(x-3)(x-6) & (x>0)\end{cases}$$

으로 구간의 경계에서 모두 x축과 만나므로 연속이다.
따라서 $k=3$, $k=0$일 때, 함수 $g(x)g(-x)$는 연속이다.

(ii) $k<0$일 때,

$$g(x)g(-x)=\begin{cases}x(x-3)(x+3)(x+6) & (x\le k)\\ (x-3)(x-6)(x+3)(x+6) & (k<x<-k)\\ x(x+3)(x-3)(x-6) & (x\ge -k)\end{cases}$$

함수 $g(x)g(-x)$의 구간별 함수식에서 $k=-3$이면

$$g(x)g(-x)=\begin{cases}x(x-3)(x+3)(x+6) & (x\le -3)\\ (x-3)(x-6)(x+3)(x+6) & (-3<x<3)\\ x(x+3)(x-3)(x-6) & (x\ge 3)\end{cases}$$

으로 구간의 경계에서 모두 x축과 만나므로 연속이다.
또, $k=-6$이면

$$g(x)g(-x)=\begin{cases}x(x-3)(x+3)(x+6) & (x\le -6)\\ (x-3)(x-6)(x+3)(x+6) & (-6<x<6)\\ x(x+3)(x-3)(x-6) & (x\ge 6)\end{cases}$$

으로 구간의 경계에서 모두 x축과 만나므로 연속이다.
따라서 함수 $g(x)g(-x)$는 $k=-3$, $k=-6$일 때 연속이다.

(i), (ii)에서 함수 $g(x)g(-x)$가 실수 전체의 집합에서 연속이 되도록 하는 모든 상수 k는 $3, 0, -3, -6$으로 개수는 4이다.

032.

정답_③

함수 $f(x)$는 $x\ne -1$에서 연속이다.
또한 함수 $g(x)$는 실수 전체의 집합에서 연속이고 함수 $y=g(x-a)$의 그래프는 함수 $y=g(x)$의 그래프를 x축의 방향으로 a만큼 평행이동한 것이므로 함수 $g(x-a)$도 실수 전체의 집합에서 연속이다.
즉, 함수 $f(x)g(x-a)$는 $x=-1$에서 연속이면 실수 전체의 집합에서 연속이 된다.
따라서

$$\lim_{x\to -1-}f(x)g(x-a)$$
$$=\lim_{x\to -1+}f(x)g(x-a)=f(-1)g(-1-a)$$

$\lim_{x\to -1-}f(x)g(x-a)=2\times g(-1-a)$

$\lim_{x\to -1+}f(x)g(x-a)=0\times g(-1-a)=0$

$f(-1)g(-1-a)=2\times g(-1-a)$

$\therefore g(-1-a)=0$

$g(x)=x^3+3x^2+2x=x(x+1)(x+2)$이므로
$g(-1-a)=(-1-a)(-a)(1-a)=0$에서
$a=-1$ 또는 $a=0$ 또는 $a=1$
따라서 모든 실수 a의 값의 합은
$-1+0+1=0$이다.

033.

정답_④

[그림 : 최성훈T]

$g(x)=x(x-3)^2$이라 할 때,
함수 $g(x)$는 극댓값이 $g(1)=4$이고 극솟값이 $g(3)=0$이다.
함수 $|g(x)-k|$가 $y=4$와 만나는 점의 x좌표가 a일 때
함수 $|f(x)-k|$는 실수 전체의 집합에서 연속이다.
따라서
(i) $k=2$일 때, 함수 $|g(x)-2|$의 그래프와 $y=4$의 그래프의 교점의 개수가 4이다.

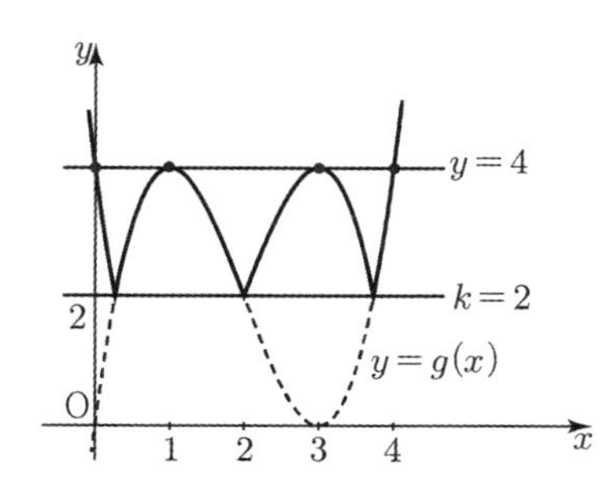

(ii) $2<k<4$일 때, 함수 $|g(x)-2|$의 그래프와 $y=4$의 그래프의 교점의 개수가 5이다.

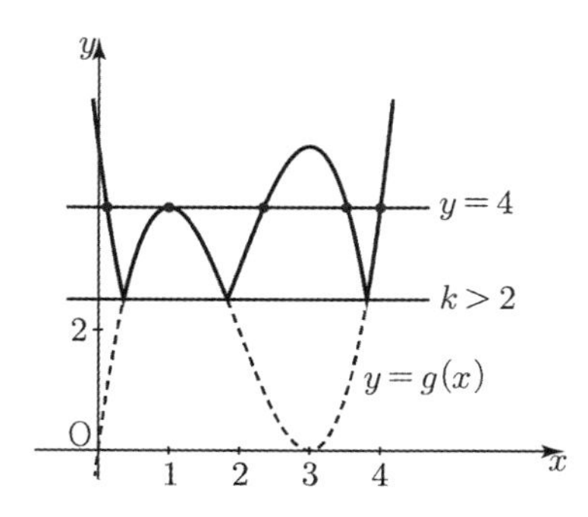

그러므로 $2\le k<4$일 때다.

따라서 k의 최솟값은 2이다.

034.

정답_16

[출제자 : 오세준T]

함수 $f(x)$는

$$f(x)=\begin{cases} x-5 & (-2+a \le x \le 2+a) \\ x-1 & (-2+a > x,\ x > 2+a) \end{cases}$$

이므로 그래프는 아래와 같다.

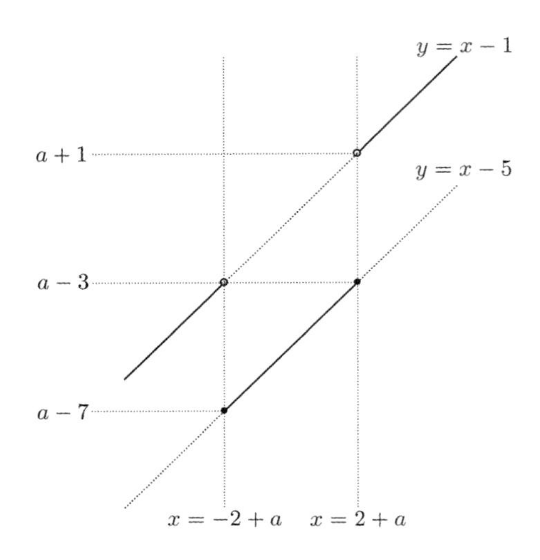

함수 $\dfrac{g(x)}{f(x)}$가 실수 전체의 집합에서 연속이어야 하므로

$f(x) \neq 0$이어야 한다.

따라서 $a+1 \ge 0$ 또는 $a-3<0$이므로

$-1 \le a < 3$ ⋯ ㉠

함수 $g(x)$의 그래프는 아래와 같고 $g(x)=0$을 만족하는 x는 $-4,\ 0,\ 4$이다. ⋯ ㉡

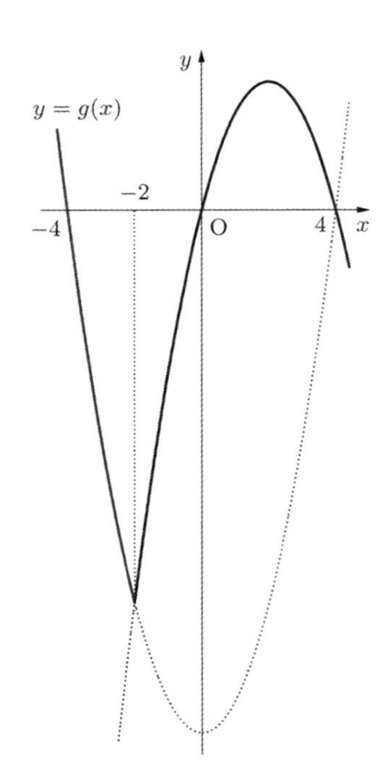

함수 $\dfrac{g(x)}{f(x)}$가 실수 전체의 집합에서 연속이므로

$x=-2+a$와 $x=2+a$에서 연속이어야 한다.

즉, $\displaystyle\lim_{x\to(-2+a)-}\frac{g(x)}{f(x)}=\lim_{x\to(-2+a)+}\frac{g(x)}{f(x)}=\frac{g(-2+a)}{f(-2+a)}$ 이어야 하므로 $g(-2+a)=0$

㉠에서 $-3 \le -2+a < 1$이므로 ㉡에서 $-2+a=0$

$\therefore\ a=2$

$g(2+a)=g(4)=0$이므로

$$\lim_{x\to(2+a)-}\frac{g(x)}{f(x)}=\lim_{x\to(2+a)+}\frac{g(x)}{f(x)}=\frac{g(2+a)}{f(2+a)}=0$$

따라서 함수 $\dfrac{g(x)}{f(x)}$는 $x=2+a$에서도 연속이다.

$\therefore\ f(a-1)=f(1)=-4$

그러므로 $\{f(a-1)\}^2=16$이다.

035.

정답_9

[그림 : 최성훈T]

$f(x)=(x-\alpha)(x-\beta)(x-\gamma)\ (\alpha<\beta<\gamma)$라 하면

$$g(x)=\begin{cases} f(x)+2x & (\alpha \le x \le \beta,\ x \ge \gamma) \\ -f(x)-2x & (x<\alpha,\ \beta<x<\gamma) \end{cases}$$

이다.

따라서

$\displaystyle\lim_{x\to\alpha-}g(x)=-2\alpha,\ \lim_{x\to\alpha+}g(x)=2\alpha$

$\displaystyle\lim_{x\to\beta-}g(x)=2\beta,\ \lim_{x\to\beta+}g(x)=-2\beta$

$\displaystyle\lim_{x\to\gamma-}g(x)=-2\gamma,\ \lim_{x\to\gamma+}g(x)=2\gamma$

으로 $\alpha\beta\gamma \neq 0$일 때, 함수 $g(x)$는 $x=\alpha,\ x=\beta,$ $x=\gamma$에서 불연속이다.

$\alpha,\ \beta,\ \gamma$중 하나가 0이면 함수 $g(x)$가 불연속인 점의 개수는 2가 된다.

따라서

함수 $g(x)f(x-2)$가 실수 전체의 집합에서 연속이기 위해서는 다음 그림과 같이 $\alpha=0$으로 $f(0)=0$이고 함수 $g(x)$의 그래프가 $x=0$에서 연속이고 $x=\beta$와 $x=\gamma$에서 불연속일 때 함수 $f(x-2)$의 그래프가 $(\beta,0)$, $(\gamma,0)$을 지나야 한다.

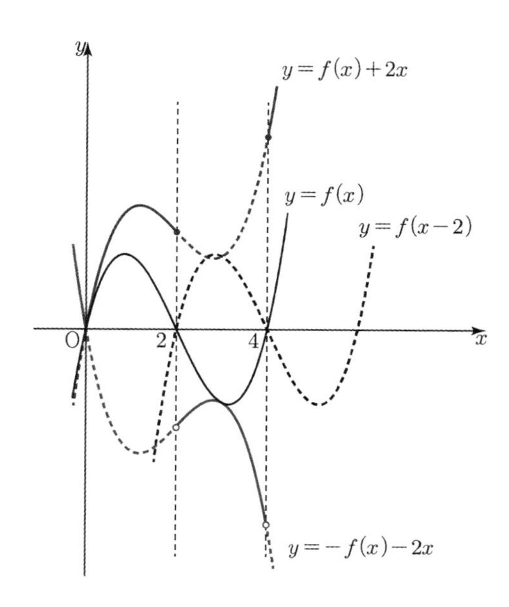

따라서

$f(x)=x(x-2)(x-4)$이다.

그러므로

$$g(x)=\begin{cases} f(x)+2x & (0 \le x \le 2,\ x \ge 4) \\ -f(x)-2x & (x<0,\ 2<x<4) \end{cases}$$ 이다.

따라서 $g(3)=-f(3)-6=-(-3)-6=-3$이다.

$\therefore\ \{g(3)\}^2=9$

036.

정답_④

함수 $y=|g(x)|$ 이 $x=0$과 $x=1$에서 연속이므로

$\lim_{x\to0-}|g(x)|=\lim_{x\to0+}|g(x)|=|g(0)|$

$\lim_{x\to1-}|g(x)|=\lim_{x\to1+}|g(x)|=|g(1)|$

이 성립해야 한다.

이때 이차함수 $f(x)$는 연속함수이므로

$\lim_{x\to0-}|g(x)|=\lim_{x\to0-}|f(x-1)|=|f(-1)|$

$\lim_{x\to0+}|g(x)|=\lim_{x\to0+}|f(x)|=|f(0)|$

$\lim_{x\to1-}|g(x)|=\lim_{x\to1-}|f(x)|=|f(1)|$

$\lim_{x\to1+}|g(x)|=\lim_{x\to1+}|f(x-1)|=|f(0)|$

따라서

$|f(-1)|=|f(0)|=|f(1)|$이 성립해야 한다.

최고차항의 계수가 1인 이차함수 $f(x)$를

$f(x)=x^2+ax+b$라 하면

$|1-a+b|=|b|=|1+a+b|$

$|1-a+b|=|1+a+b|$에서

$1-a+b=1+a+b$ 또는 $1-a+b=-1-a-b$

$a=0$ 또는 $b=-1$이다.

(i) $a=0$이면 $|b|=|1+b|$에서 $b=-\frac{1}{2}$

따라서 $f(x)=x^2-\frac{1}{2}$

$\therefore\ f(2)=\frac{7}{2}$

(ii) $b=-1$이면 $|a|=1$에서 $a=\pm1$

따라서 $f(x)=x^2+x-1$ 또는 $f(x)=x^2-x-1$

$\therefore\ f(2)=5$ 또는 $f(2)=1$

(i), (ii)에서

$f(2)$의 최댓값은 5이다.

037.

정답_3

[출제자 : 김종렬T]

원 $x^2+y^2=a$의 중심 $(0,0)$과 직선 $y=\sqrt{3}x+t$ 사이의 거리를 d라 하면

$d=\frac{|t|}{\sqrt{(\sqrt{3})^2+(1)^2}}=\frac{|t|}{2}$ 이다. $\frac{|t|}{2}>\sqrt{a}$ 라면 직선과 원이 만나는 점의 개수는 0 이고, $\frac{|t|}{2}=\sqrt{a}$ 라면 직선과 원이 만나는 점의 개수는 1 이고 $\frac{|t|}{2}<\sqrt{a}$ 라면 직선과 원이 만나는 점의 개수는 2 이다.

따라서 직선과 원이 만나는 점의 개수 $g(t)$ 가 불연속이 되게 하는 t 는 $\frac{|t|}{2}=\sqrt{a}$ 을 만족시킨다. (가) 조건에서 $t=-4,\ 4$ 에서 불연속이라고 하였으므로 $\sqrt{a}=2$, $a=4$ 이다.

함수 $g(x)$ 가 $x=-4,\ 4$ 에서 불연속이고 함수 $\{|f(x)|-b\}$ 가 연속함수이므로

함수 $\{|f(x)|-b\}g(x)$ 가 실수 전체의 집합에서 연속이 되려면

$\{|f(4)|-b\}=\{|f(-4)|-b\}=0$ 이다.

$|f(4)|=|f(-4)|=4\sqrt{3}$ 이므로 $b=4\sqrt{3}$ 이다.

따라서 $\frac{b}{a}=\sqrt{3}$ 이므로 $\left(\frac{b}{a}\right)^2=3$ 이다.

038.

정답_④

[그림 : 최성훈T]

(i) $a=0$일 때,

$$f(x)=\begin{cases} (x+1)(x+2)(x+3) & (x \le 0) \\ x & (x>0) \end{cases}$$

이고 $f(x)f(x+a)=\{f(x)\}^2$이다.

$\lim_{x\to 0-}\{f(x)\}^2=36,\ \lim_{x\to 0+}\{f(x)\}^2=0$

따라서 $a=0$일 때, 함수 $\{f(x)\}^2$는 $x=0$에서만 불연속이므로 조건을 만족시킨다.

(ii) $a>0$일 때,

$$f(x)=\begin{cases}(x+1)(x+2)(x+3) & (x\le 0)\\ x-a & (x>0)\end{cases}$$

함수 $f(x)$와 함수 $f(x+a)$의 그래프는 다음과 같다.

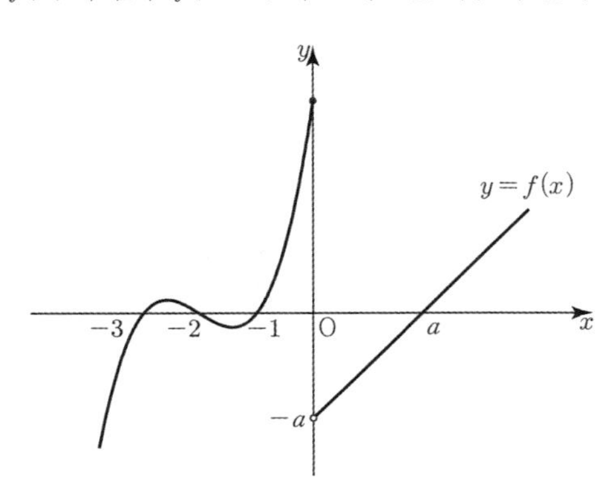

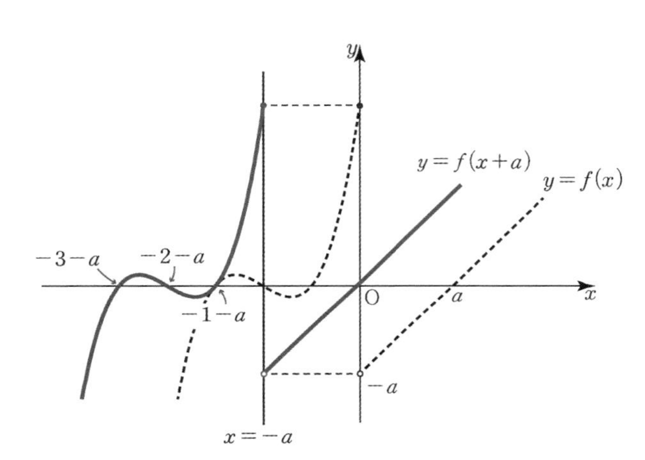

함수 $f(x+a)$가 $(0, 0)$을 지나므로 함수 $f(x)f(x+a)$는 $x=0$에서 연속이다.

따라서 $-a$가 $-3, -2, -1$일 때는 함수 $f(x)f(x+a)$는 $x=0$과 $x=-a$에서 모두 연속이므로 실수 전체의 집합에서 연속이 된다.

그러므로 함수 $f(x)f(x+a)$가 $x=k$에서 불연속인 실수 k의 개수가 1이 되도록 하는 10보다 작은 자연수는 4, 5, 6, 7, 8, 9으로 개수는 6이다.

(i), (ii)에서 정수 a의 개수는 7이다.

039. 정답_⑤

$$f(x)=\begin{cases}x+a & (x<3)\\ x^2-3x & (x\ge 3)\end{cases}$$

$g(x)=f(x)f(3x)$라 하자.

(i) 함수 $f(x)$가 $x=3$에서 연속이면 함수 $g(x)$는 실수 전체의 집합에서 연속이다.

따라서

$3+a=9-9$

$\therefore\ a=-3$

한편,

$$f(3x)=\begin{cases}3x+a & (x<1)\\ 9x^2-9x & (x\ge 1)\end{cases}$$

이다.

(ii) 함수 $f(x)$가 $x=3$에서 불연속일 때는 $(a\ne -3)$ 함수 $g(x)$가 $x=1$과 $x=3$에서 연속이어야 한다.

$$f(x)=\begin{cases}x+a & (x<3)\\ x^2-3x & (x\ge 3)\end{cases},\ f(3x)=\begin{cases}3x+a & (x<1)\\ 9x^2-9x & (x\ge 1)\end{cases}$$

① $x=1$에서 연속이기 위해서는

$(1+a)\times(3+a)=(1+a)\times(9-9)$

$(a+1)(a+3)=0$

$\therefore\ a=-1$ 또는 $a=-3$

② $x=3$에서 연속이기 위해서는

$(3+a)\times(81-27)=(9-9)\times(81-27)$

$(3+a)\times 54=0$

$\therefore\ a=-3$

①, ②에서

$a=-1$ 또는 $a=-3$

(i), (ii)에서

$a=-3$

040. 정답_③

모든 실수 x에 대하여 $f(x)=f(x+3)$이므로

$-3\le x<1$일 때, 함수 $f(x)$는

$$f(x)=\begin{cases}b & (-3\le x<-2)\\ x^2+a & (-2\le x<0)\\ b & (0\le x<1)\end{cases}$$

이다.

함수 $|f(x)-2|$이 $x=-2$에서 연속이려면

$\lim_{x\to -2-}|f(x)-2|=\lim_{x\to -2+}|f(x)-2|$에서

$|b-2|=|2+a|$ …㉠

또한 함수 $|f(x)-2|$이 $x=0$에서 연속이려면

$\lim_{x\to 0-}|f(x)-2|=\lim_{x\to 02+}|f(x)-2|$에서

$|a-2|=|b-2|$ …㉡

㉠, ㉡에서

$|2+a|=|a-2|$

$2+a=-a+2$

$\therefore\ a=0$

㉠에서 $b=0$ 또는 $b=4$

따라서 b의 최댓값은 4이다.

Type 3. 정적분으로 표현된 함수

041.

정답_15

$g(x)=\int_{1}^{x}f(x)dx-\int_{0}^{x-1}f(x)dx$ 라 하자.

$g'(x)=f(x)-f(x-1)$이고 $g(x)$는 $x=-1$, $x=2$에서 극값을 가지므로

$g'(-1)=f(-1)-f(-2)=0$, 즉 $f(-1)=f(-2)$

$g'(2)=f(2)-f(1)=0$, 즉 $f(1)=f(2)$이다.

$y=f(x)$ 그래프 개형은 다음과 같이 생각할 수 있다.

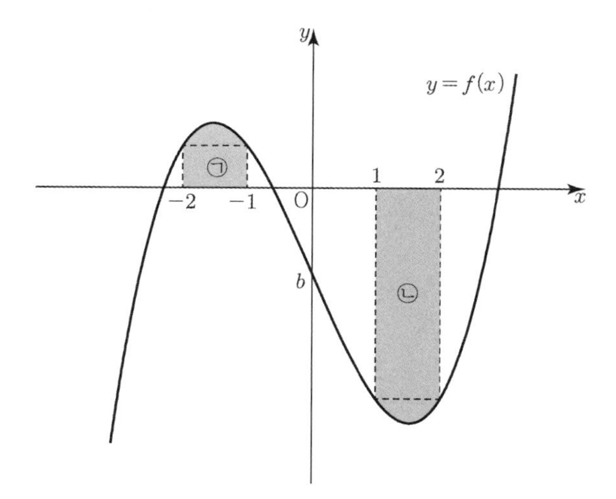

$f(x)$는 최고차항 계수 1인 삼차식이고, $f(x)$의 y절편을 b라 하면 $(0,\ b)$에 대칭이므로

$f(x)=x^3+ax+b$라 할 수 있다.

$f(1)=f(2)$이므로 $1+a+b=8+2a+b$, 즉 $a=-7$

$f(x)=x^3-7x+b$이고, $f(x)$의 극대점과 극소점은 $(0,\ b)$에 점대칭이므로 그 합은 $2b$이다.

따라서 $2b=-4$, $b=-2$

$f(x)=x^3-7x-2$

$g(x)=\int_{1}^{x}f(x)dx-\int_{0}^{x-1}f(x)dx$

$=\int_{x-1}^{x}f(x)dx-\int_{0}^{1}f(x)dx$

그림에서 색칠한 부분의 넓이를 각각 ㉠, ㉡이라 할 때,

$x=-1$, $x=2$에서 극값을 가지므로

$g(-1)+g(2)$

$=\int_{-2}^{-1}f(x)dx+\int_{1}^{2}f(x)dx-2\int_{0}^{1}f(x)dx$이다.

$=$㉠$+$ $(-$㉡$)-2\int_{0}^{1}f(x)dx$

$=f(-1)+f(1)-2\int_{0}^{1}f(x)dx$

$=2\times(-2)-2\left[\frac{1}{4}x^4-\frac{7}{2}x^2-2x\right]_0^1$

$=\frac{13}{2}$

$p=2$, $q=13$이므로

$\therefore\ p+q=15$

042.

정답_5

[그림 : 이호진T]

$a>0$이므로 함수 $f(x)$의 그래프는 다음과 같다.

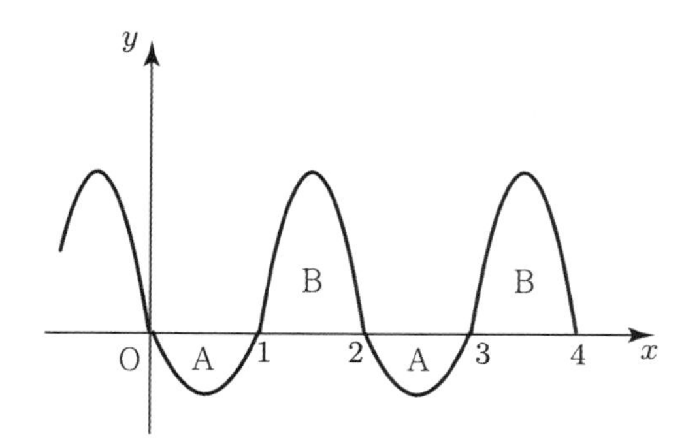

함수 $f(x)$와 x축으로 둘러싸인 부분의 넓이 중 $0\le x\le 1$에서의 넓이를 A, $1\le x\le 2$에서의 넓이를 B라 하자.

$g\left(\frac{1}{2}\right)=\int_{\frac{1}{2}}^{\frac{5}{2}}\left|f(t)-f\left(\frac{1}{2}\right)\right|dt=B+2\times\frac{1}{4}a-A$

$g(0)=\int_{0}^{2}|f(t)-f(0)|dt=\int_{0}^{2}|f(t)|dt=A+B$

$g\left(\frac{1}{2}\right)-g(0)=1$에서 $\frac{1}{2}a-2A=1$

$A=\frac{a}{6}$이므로 $\frac{1}{6}a=1$

$\therefore\ a=6$이다.

따라서 $A=1$, $B=2$이다.

$g\left(\frac{3}{2}\right)=\int_{\frac{3}{2}}^{\frac{7}{2}}\left|f(t)-f\left(\frac{3}{2}\right)\right|dt=A+2\times\frac{1}{2}a-B$

$=1+6-2=5$

043.

정답_②

[출제자 : 김수T]

$$\int_1^x f(t)dt + \int_0^x f(t)dt = x^3+4x^2+ax \cdots ㉠$$

에서 $x=0$과 $x=1$를 각각 대입하면

$$\int_1^0 f(t)dt = 0,\ \int_0^1 f(t)dt = 5+a$$

이므로

$0=5+a \Rightarrow a=-5$

이다.

또한, ㉠의 양변을 미분하면

$2f(x)=3x^2+8x-5 \Rightarrow 2f(3)=46 \Rightarrow f(3)=23$

을 얻는다.

044.

정답_②

[그림 : 최성훈T]

다음 그림과 같다.

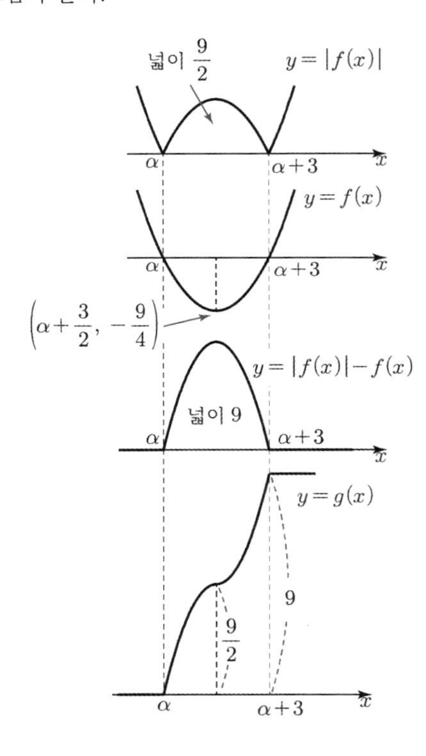

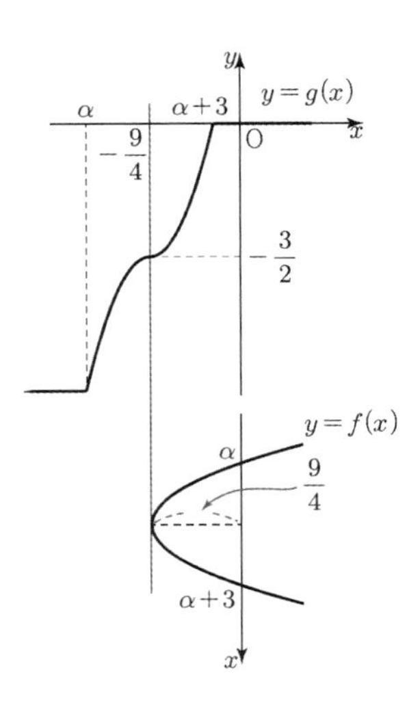

$\therefore\ \alpha=-\frac{9}{4}-\frac{3}{2}=-\frac{15}{4}$

045.

정답_20

모든 실수 x에 대하여 $f(1+x)=f(1-x)$이므로

$f(x)$는 $x=1$대칭이고

$f(x)=3(x-1)^2+k$라고 둘 수 있다.

$f(0)=-9$이므로 $k=-12$.

$g(x)=\int_0^x f(t)dt$에서

$g'(x)=3x^2-6x-9$

$=3(x^2-2x-3)$

$=3(x+1)(x-3)$

$g'(x)=0$에서 $x=-1$ 또는 $x=3$

함수 $g(x)$의 증가와 감소를 표로 나타내면 다음과 같다.

x	$\cdots$	-1	$\cdots$	3	$\cdots$
$g'(x)$	$+$	0	$-$	0	$+$
$g(x)$	↗	5	↘	-27	↗

따라서 함수 $g(x)+a$는 $x=-1$에서 극댓값 $a+5$를 가지고 $x=3$에서 극솟값 $a-27$를 가진다.

$h(x)=|g(x)+a|$ 가 두 개의 극댓값을 가지려면 $a+5>0$이고 $a-27<0$이다.

$-5<a<27 \cdots ㉠$

이때 두 극댓값은 각각

$h(-1)=|g(-1)+a|=a+5$,

$h(3)=|g(3)+a|=-a+27$이므로

두 극댓값의 차가 10보다 크려면

$|a+5+a-27|=|2a-22|>10$ 에서

$a<6$ 또는 $a>16 \cdots ㉡$

㉠과 ㉡에서 정수 a는 $-4,\ -3,\ -2,\ \cdots,\ 5$ 의 10개와 $17,\ 18,\ 19,\ \cdots,\ 26$의 10개이므로 모두 20개다.

046.

정답_②

함수 $g(x)$가 $x=0$에서 연속이므로 $a=f(0)$이다.

$$g'(x)=\begin{cases} xf(x)-2x & (x<0) \\ f'(x)-1 & (x>0) \end{cases}$$

에서 함수 $g(x)$가 $x=0$에서 미분가능하므로

$f'(0)-1=0$에서 $f'(0)=1$이다.

따라서 이차함수 $f(x)=kx^2+x+a\ (k>0)$라 할 수 있다.

$f'(x)=2kx+1$

방정식 $g'(x)=2$의 해를 구하자.

(i) $x>0$일 때, $g'(x)=f'(x)-1=2$에서

$f'(x)=3$

$2kx+1=3$

$\therefore\ x=\dfrac{1}{k}$

방정식 $g'(x)=2$의 실근의 개수가 2이고 실근의 합이 0이므로

$x<0$일 때, $g'(x)=2$의 실근은 $x=-\dfrac{1}{k}$이다.…㉠

또한 $x<0$일 때, $g'(x)=xf(x)-2x$에서 함수 $g'(x)$는 최고차항의 계수가 양수인 삼차함수이고 $x=-\dfrac{1}{k}$에서 극댓값 2를 가져야 방정식 $g'(x)=2$의 실근의 개수가 2일 수 있다.

따라서 $h(x)=xf(x)-2x$라 할 때,

$h'\left(-\dfrac{1}{k}\right)=0$이다. …㉡

㉠에서

$g'\left(-\dfrac{1}{k}\right)=-\dfrac{1}{k}f\left(-\dfrac{1}{k}\right)+\dfrac{2}{k}=2$

$f\left(-\dfrac{1}{k}\right)-2=-2k$

$k\left(-\dfrac{1}{k}\right)^2+\left(-\dfrac{1}{k}\right)+a-2=-2k$

$k=\dfrac{2-a}{2}$

㉡에서

$h'(x)=f(x)+xf'(x)-2$

$h'\left(-\dfrac{1}{k}\right)=f\left(-\dfrac{1}{k}\right)-\dfrac{1}{k}f'\left(-\dfrac{1}{k}\right)-2=0$

$a-\dfrac{1}{k}(-1)-2=0$

$a+\dfrac{1}{k}-2=0$

$a+\dfrac{2}{2-a}-2=0$

$2a-a^2+2-4+2a=0$

$a^2-4a+2=0$

$a=2\pm\sqrt{2}$

$k=\dfrac{2-a}{2}$에서 $k>0$이므로 $a=2-\sqrt{2}$이다.

047.

정답_16

[그림 : 배용제T]

부등식 $x^2-4ax+3a^2\le 0$에서

$(x-a)(x-3a)\le 0$

$a\le x\le 3a$

$\therefore\ B=\{x\mid a\le x\le 3a\}$

부등식 $(x-a+\sqrt{2a})(x-3a-\sqrt{2a})\ge 0$에서

$x\le a-\sqrt{2a}$ 또는 $x\ge 3a+\sqrt{2a}$

$\therefore\ C=\{x\mid x\le a-\sqrt{2a}$ 또는 $x\ge 3a+\sqrt{2a}\}$

$\therefore\ B\cup C=\{x\mid x\le a-\sqrt{2a}$ 또는 $a\le x\le 3a$ 또는 $x\ge 3a+\sqrt{2a}\}$

한편, 최고차항의 계수가 1인 이차함수 $f(x)$에 대하여

$\left|\displaystyle\int_x^{x+a}f(t)dt\right|=\displaystyle\int_x^{x+a}|f(t)|dt$

을 만족시키는 x의 범위는 다음 그림과 같이 방정식 $f(x)=0$이 두 실근 $\alpha,\ \beta\ (\alpha<\beta)$를 가질 때, 두 실근이 구간 $(x,\ x+a)$에 포함되지 않을 때이다.

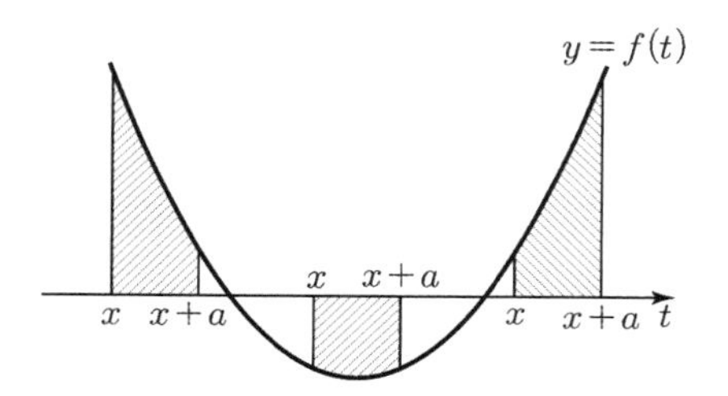

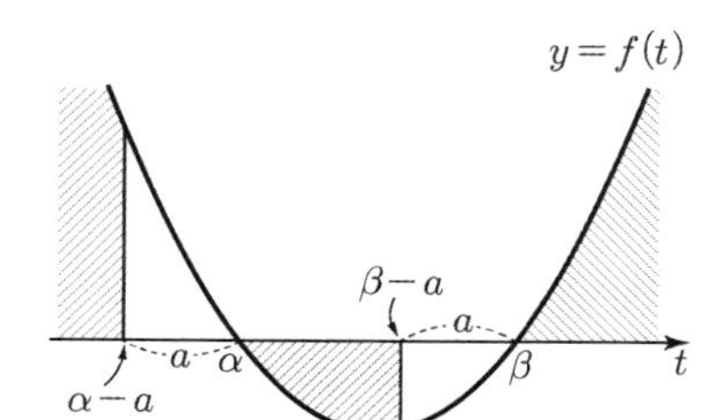

즉, $A=\{x\mid x\le\alpha-a$ 또는 $\alpha\le x\le\beta-a$ 또는 $x\ge\beta\}$이다.

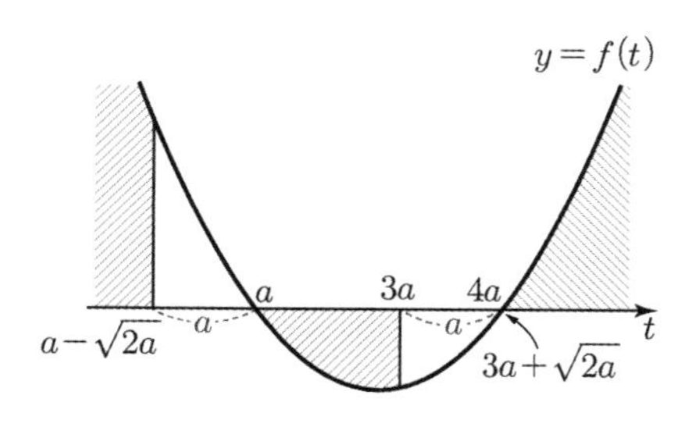

$A=B\cup C$에서 $4a=3a+\sqrt{2a}$이어야 한다.
즉, $a=2$이다.

따라서
$f(2)=f(8)=0$이므로 $f(x)=(x-2)(x-8)$
$f(0)=16$

048.

정답_①

$f(x)\int_0^x\{g(t)\}^2dt=\int_{-1}^x g(t)\{f(t)g(t)+t^2\}dt$
의 양변에 $x=-1$을 대입하면
$f(-1)\int_0^{-1}\{g(t)\}^2dt=0$에서
모든 실수 t에 대하여 $\{g(t)\}^2\geq 0$이므로
$\int_0^{-1}\{g(t)\}^2dt<0$이다.
따라서 $f(-1)=0$ ⋯㉠
$f(x)\int_0^x\{g(t)\}^2dt=\int_{-1}^x g(t)\{f(t)g(t)+t^2\}dt$
의 양변을 x에 대하여 미분하면
$f'(x)\int_0^x\{g(t)\}^2dt+f(x)\{g(x)\}^2=g(x)\{f(x)g(x)+x^2\}$
$f'(x)\int_0^x\{g(t)\}^2dt=x^2g(x)$이다.⋯㉡
$f(x)$와 $g(x)$가 상수함수가 아닌 두 다항함수이므로
$f(x)$의 최고차항을 n차, $g(x)$의 최고차항을 m차라 하면
㉡에서 $(n-1)+(2m+1)=m+2$이다.
$n+m=2$
즉, $n=m=1$
$f(x)=ax+b\ (a\neq 0)$라 하면
$f(1)=1$이고 ㉠에서 $f(-1)=0$이므로
$a+b=1,\ -a+b=0$
$a=b=\frac{1}{2}$
$\therefore\ f(x)=\frac{1}{2}x+\frac{1}{2}$
$g(x)=cx+d\ (c\neq 0)$라 하면
㉡에서
$\frac{1}{2}\int_0^x(c^2t^2+2cdt+d^2)dt=x^2(cx+d)$
$\frac{1}{2}\left(\frac{1}{3}c^2x^3+cdx^2+d^2x\right)=cx^3+dx^2$
$\frac{1}{6}c^2=c$에서 $c=6$
계수비교를 하면 $d=0$이다.
$\therefore\ g(x)=6x$
그러므로 $g(1)=6$

049.

정답_16

최고차항의 계수가 1이고 $x=0,\ x=a,\ x=2a$에서
극값을 갖는 사차함수 $f(x)$는
$x=0$과 $x=2a$에서 극솟값 m을 갖고 $x=a$에서 극댓값
M을 갖는다.
$f(x)=x^2(x-2a)^2+m$이라 할 수 있다.
$M=f(a)=a^4+m$에서 $M-m=a^4$
따라서
함수 $|f'(x)|$의 그래프와 함수 $g(x)$의 그래프는 다음과
같다.

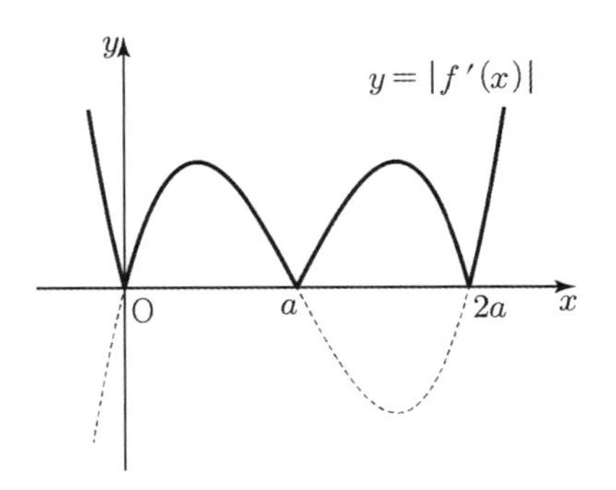

$g(a)=\int_0^a|f'(x)|dx=f(a)-f(0)=M-m=a^4$,
$g(2a)=\int_0^{2a}|f'(x)|dx=\int_0^a f'(x)dx+\int_a^{2a}-f'(x)dx$
$=f(a)-f(0)-f(2a)+f(a)=M-m-m+M=2a^4$이
므로
$y=g(x)$의 그래프는 다음과 같다.

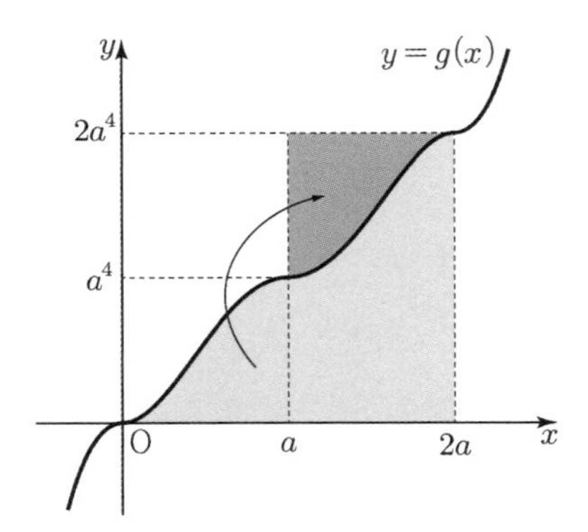

$g(0)=0$이므로 곡선 $y=g(x)$와 x축 및 직선 $x=2a$로
둘러싸인 부분의 넓이는 가로의 길이가 a이고 세로의
길이가 $2a^2$인 직사각형 넓이와 같다.
그러므로 $a\times 2a^4=64$에서 $a=2$이다.
따라서 $g(a)=a^4$이므로 $g(2)=16$이다.

050.

정답_4

$g(x)=\int_0^x f(t)dt-\frac{f(t)}{2t}x^2$에서 $x=0$을 대입하면

$g(0)=0$ …… ㉠

이고 양변을 x에 관하여 미분하면

$g'(x)=f(x)-\frac{f(t)}{t}x$이다.

$=x^3-4x^2+\left\{5-\frac{f(t)}{t}\right\}x$

$=x\left(x^2-4x+5-\frac{f(t)}{t}\right)$

$h(x)=x^2-4x+5-\frac{f(t)}{t}$라 하자.

(i) 방정식 $h(x)=0$이 $x=0$을 실근으로 가질 때,

$g'(x)=x^2(x-4)$이므로 사차함수 $g(x)$는 $x=4$에서 유일한 극솟값을 갖는다.

$h(0)=5-\frac{f(t)}{t}=0$

$t^2-4t+5=5$

$t^2-4t=0$

$t(t-4)=0$

$\therefore\ t=4\ (t\neq 0)$

㉠에서 $g(0)=0$이므로 $g(4)<0$이다.

(ii) 방정식 $h(x)=0$이 중근을 가질 때,

$D/4=4-5+\frac{f(t)}{t}=0$

$\frac{f(t)}{t}=1$이므로 ……㉡

$g'(x)=x(x-2)^2$이므로 함수 $g(x)$는 $x=0$에서 유일한 극솟값을 갖는다.

㉡에서 $t^2-4t+5=1,\ (t-2)^2=0$

$\therefore\ t=2$

㉠에서 $g(0)=0$이므로 극솟값은 0이다.

(i), (ii)에서 음의 극값은 $t=4$일 때다.

051.

정답_④

$\int_0^2 f(t)dt=a,\ \int_0^k f(t)dt=b$라 하자.

함수 $f(x)$가 실수 전체의 집합에서 연속함수이려면

$\lim_{x\to1-}f(x)=f(1)=\lim_{x\to1+}f(x)$이어야 하므로

$1-a=b$ …㉠

이다.

$a=\int_0^1(3t^2-2t-a)dt+\int_1^2(b)dt$

$=-a+b$

$b=2a$ …㉡

㉠, ㉡을 연립하면

$a=\frac{1}{3},\ b=\frac{2}{3}$

$b=\frac{2}{3}=\int_0^k f(t)dt$

$=\int_0^1\left(3t^2-2t-\frac{1}{3}\right)dt+\int_1^k\frac{2}{3}dt$

$=-\frac{1}{3}+\frac{2}{3}(k-1)$

$\therefore\ k=\frac{5}{2},\ 10k=25$

052.

정답_⑤

$\int_{-1}^x f(t)dt=F(x)$라는 3차 함수를 생각할 수 있다.

방정식 $\{F(x)\}^2-2F(x)-3=0$를 인수분해서 풀면

$F(x)=3$또는 $F(x)=-1$가 되고

실근이 4개만 존재하도록 삼차함수 $F(x)$의 그래프를 추론해 볼 수 있다.

(i) $F(-1)=0$이고 $F(b)=3$ 인 경우{ $F(x)$의 극솟값이 3인 경우 }

$y=3$과 $y=F(x)$의 교점의 x좌표는

$x=b_1>-1$, $x=b$로 실근이 2개 이지만

$y=-1$과 $y=F(x)$는 교점이 1개만 되어서 총3개의 실근만 존재한다. (모순)

(ii) $F(-1)=0$이고 $F(b)=-1$ 인 경우{ $F(x)$의 극솟값이 -1인 경우 }

$y=-1$과 $y=F(x)$의 교점의 x좌표는

$x=b_1<-1$, $x=b$로 실근이 2개 이므로

실근이 2개 더 존재하려면 $y=3$ 와 $y=F(x)$의 교점이 2개만 존재해야 한다.

즉 $y=3$가 $y=F(x)$의 극댓값에서 만나야 하므로

$F(a)=3$ 이다.

$F(a)-F(b)=\int_b^a f(t)dt=\int_b^a 3(x-a)(x-b)dt$

좌변 $F(a)-F(b)=3-(-1)=4$ 이고 우변

$\int_b^a 3(x-a)(x-b)dt=\frac{3}{6}(b-a)^3$이므로

$b-a=2$ 이다.

따라서 $f(x)=3(x-a)(x-b)$ 에서

$f(b+4)=3(b-a+4)(4)=3\times6\times4=72$

053.

정답_11

[그림 : 이호진T]

$g(x)=\int_0^x \{f(t)-a\}dt$에서 $g'(x)=f(x)-a$

함수 $g'(x)$는 실수 전체의 집합에서 연속이고 함수 $g(x)$가 $x=5$에서 극값을 가지므로

$g'(5)=f(5)-a=0$에서 $f(5)=|-1|=1$이므로

$\therefore\ a=1$

따라서 함수 $y=g'(x)$의 그래프는 다음과 같다.

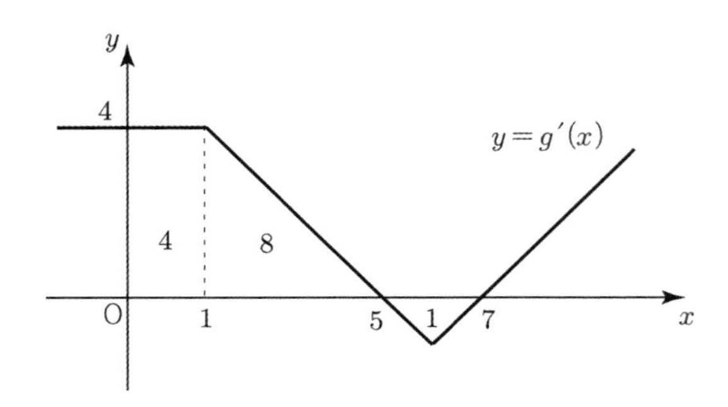

$x=7$의 좌우에서 $g'(x)$의 부호가 음에서 양으로 바뀌므로 함수 $g(x)$는 $x=7$에서 극소이다.

따라서 함수 $g(x)$의 극솟값은

$g(x)=\int_0^7 g'(x)dx=4+8-1=11$

054.

정답_①

$1\le t\le 4$에서 $f(x)<0$이므로 네 점 $(0,\ 0)$, $(t,\ f(t))$, $(t+1,\ f(t+1))$, $(t+2,\ 0)$를 차례로 연결하는 선분으로 둘러싸인 도형의 넓이 $S(t)$는

$S(t)=-\frac{1}{2}tf(t)-\frac{\{f(t)+f(t+1)\}}{2}-\frac{1}{2}f(t+1)$

$=-\frac{1}{2}\{t^4-6t^3+3t^2+t^3-6t^2+3t+2(t+1)^3-12(t+1)^2+6(t+1)\}$

$=-\frac{1}{2}(t^4-3t^3-9t^2-9t-4)$

$g(a)=\int_1^a S(t)dt$

$g'(a)=S(a)$이므로

$g'(2)=S(2)=33$

055.

정답_7

$f(x)=k(x^3-x)$이고

$\int_0^1 f(x)dx=k\int_0^1(x^3-x)dx=k\left[\frac{1}{4}x^4-\frac{1}{2}x^2\right]_0^1=-\frac{1}{4}k$

이다.

(나)에서 $f(x+2)=2f(x)$이므로

$\int_1^2 f(x)dx=\frac{1}{2}k,\ \int_2^3 f(x)dx=-\frac{1}{2}k,\ \int_3^4 f(x)dx=k,$

$\cdots$

따라서

$g(1)=-\frac{1}{4}k$

$g(2)=-\frac{1}{4}k+\frac{1}{2}k=\frac{1}{4}k$

$g(3)=-\frac{1}{4}k+\frac{1}{2}k-\frac{1}{2}k=-\frac{1}{4}k$

$g(4)=-\frac{1}{4}k+\frac{1}{2}k-\frac{1}{2}k+k=\frac{3}{4}k$

$g(5)=-\frac{1}{4}k+\frac{1}{2}k-\frac{1}{2}k+k-k=-\frac{1}{4}k$

$\vdots$

(i) $k>0$일 때 함수 $f(x)$와 함수 $g(x)$의 그래프 개형은 다음과 같다.

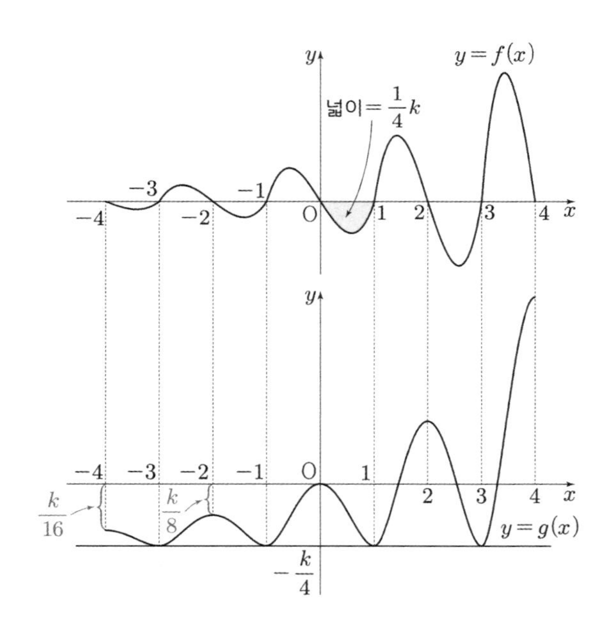

함수 $g(x)$의 최솟값은 $-\frac{1}{4}k$로 정해지지만 최댓값은 정할 수 없다.

(ii) $k<0$일 때, 함수 $f(x)$와 함수 $g(x)$의 그래프 개형은 다음과 같다.

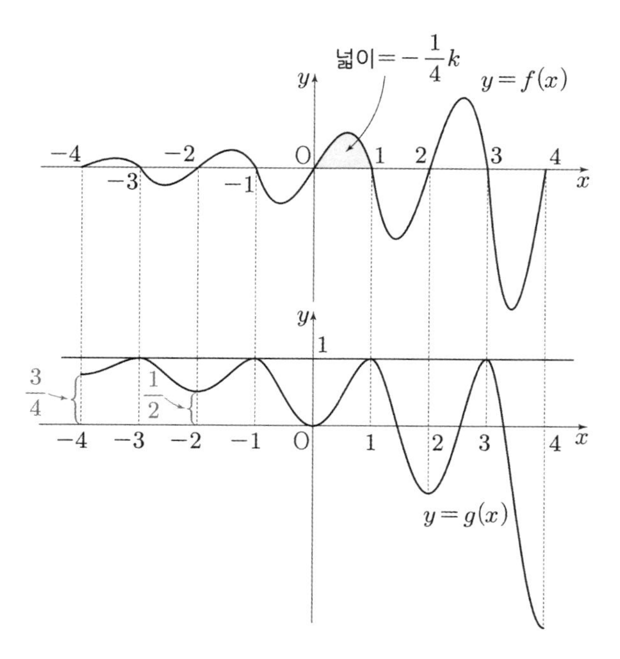

함수 $g(x)$는 최댓값 1을 가지므로 $-\frac{1}{4}k=1$에서

$k=-4$이다.

따라서

$$g(k)=\int_0^k f(t)dt$$
$$=\int_0^{-4} f(t)dt$$
$$=-\int_{-4}^0 f(t)dt$$
$$=-\left\{\int_{-4}^{-3} f(t)dt+\int_{-3}^{-1} f(t)dt+\int_{-1}^0 f(t)dt\right\}$$
$$=-\left\{-\frac{1}{4}\int_{-1}^0 f(t)dt+0+\int_{-1}^0 f(t)dt\right\}$$
$$=-\left(\frac{1}{4}-1\right)$$
$$=\frac{3}{4}$$

따라서 $p=4,\ q=3$

$p+q=7$이다.

056.

정답_79

다음 그림과 같은 상황이다.

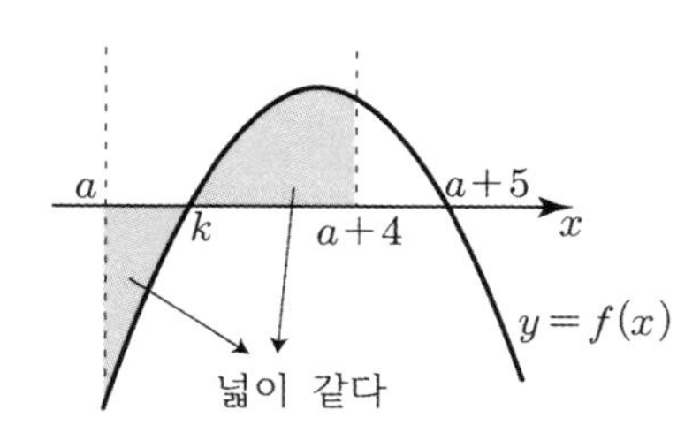

$a=0$으로 설정하여도 무방하다.

$g(x)=\int_0^x f(t)dt$에서

$g(0)=0,\ g'(x)=f(x)$

함수 $g(x)=\int_0^x f(t)dt$는 최고차항의 계수가 $-\frac{1}{3}$인 삼차함수이고

$x\ge 0$인 모든 실수 x에 대하여 $g(x)\le g(5)$이기 위해서는 $x=5$에서 함수 $g(x)$가 극댓값을 가져야 한다.

따라서 $g'(5)=0$이다.

$f(5)=0$

그러므로 함수 $f(x)=-(x-k)(x-5)$라 할 수 있다.

$x\ge 0$인 모든 실수 x에 대하여 $|g(x)|\ge |g(4)|$이기 위해서는 $g(4)=0$이어야 한다.

따라서

$$\int_0^4 f(x)dx=0$$
$$-\int_0^4 (x-k)(x-5)dx$$
$$=-\int_0^4 \{x^2-(k+5)x+5k\}dx$$
$$=-\left[\frac{1}{3}x^3-\frac{k+5}{2}x^2+5kx\right]_0^4$$
$$=-\left\{\frac{64}{3}-8(k+5)+20k\right\}=0$$
$$-\frac{56}{3}+12k=0$$
$$\therefore\ k=\frac{14}{9}$$
$$f(x)=-\left(x-\frac{14}{9}\right)(x-5)$$

그러므로

$$f(a)=f(0)=-\frac{70}{9}$$

$p=9,\ q=70$에서 $p+q=79$이다.

057.

정답_256

함수 $f(x)$에 대하여 다항함수 비율과 넓이 공식에서

$\int_0^2 f(x)dx=\frac{3\times 2^3}{6}=4,\ \int_0^3 f(x)dx=0$이다.

$$g(x)=\int_0^x f(t)dt\times\int_x^3 f(t)dt$$
$$g'(x)=f(x)\times\int_x^3 f(t)dt+\int_0^x f(t)dt\times\{-f(x)\}$$
$$=-f(x)\left\{\int_0^x f(t)dt-\int_x^3 f(t)dt\right\}$$

$h(x)=\int_0^x f(t)dt-\int_x^3 f(t)dt$라 하면

$h(0)=0$이고 $0<x<3$에서 $h(x)>0$이다.

따라서 $g(x)$의 증감표는 다음과 같다.

x	(0)		2		(3)
$h(x)$		+	+	+	
$-f(x)$		−		+	
$g'(x)$		−		+	
$g(x)$		↘	극소	↗	

따라서 함수 $g(x)$의 극솟값은 $g(2)$이다.

$g(2)=\int_0^2 f(t)dt\times\int_2^3 f(t)dt$

$=\int_0^2(-3t^2+6t)dt\times\int_2^3(-3t^2+6t)dt$

$=4\times(-4)=-16$

$\alpha=-16$이므로 $\alpha^2=256$

058.

정답_④

함수 $g(x)=\begin{cases} f(x) & (x>1) \\ \int_1^x f(t)dt & (x\le 1)\end{cases}$의 도함수는

$g'(x)=\begin{cases} f'(x) & (x>1) \\ f(x) & (x\le 1)\end{cases}$이고

함수 $y=|g(x)|$가 $x=-3$에서만 미분불가능하므로,

$g(-3)=0$이고 $g(1)=0$이므로. $y=|g(x)|$가 $x=1$에서 미분가능하려면

$x=1$에서 $y=g(x)$는 연속이고 $g'(1)=0$이어야 한다.

따라서 $f(1)=f'(1)=0$이므로

실수 k에 대하여 $f(x)=(x-1)^2(x-k)$이다.

이때 $g(-3)=\int_1^{-3}f(t)dt=0$이므로

$\int_{-3}^1(x-1)^2(x-k)dx=\int_{-4}^0 x^2(x-k+1)dx$

$=\int_{-4}^0\{x^3-(k-1)x^2\}dx$

$=\left[\frac{1}{4}x^4-\frac{k-1}{3}x^3\right]_{-4}^0$

$=-64-\frac{64}{3}(k-1)=0$

에서 $k-1=-3$, 즉 $k=-2$이다.

따라서 $f(x)=(x-1)^2(x+2)$이므로

$f(3)=4\times5=20$

059.

정답_④

$h(x)=f(x)f(2-x)$라 하자.

함수 $f(2-x)$는 함수 $f(x)$를 $x=1$에 대칭이동한 함수이다.

$f(2-x)=\begin{cases}0 & (2-x\le 0)\\ a(2-x)^2 & (2-x>0)\end{cases}=\begin{cases}0 & (x\ge 2)\\ a(x-2)^2 & (x<2)\end{cases}$

이므로

$h(x)=\begin{cases}0 & (x\le 0)\\ a^2x^2(x-2)^2 & (0<x<2)\\ 0 & (x\ge 2)\end{cases}$이다.

$g(2)=\int_0^2 h(x)dx=\int_0^2 a^2x^2(x-2)^2dx=\frac{a^2\times2^5}{30}=\frac{16}{15}a^2$

따라서 함수 $h(x)$의 그래프에 따른 함수 $g(x)$의 그래프 개형은 다음과 같다.

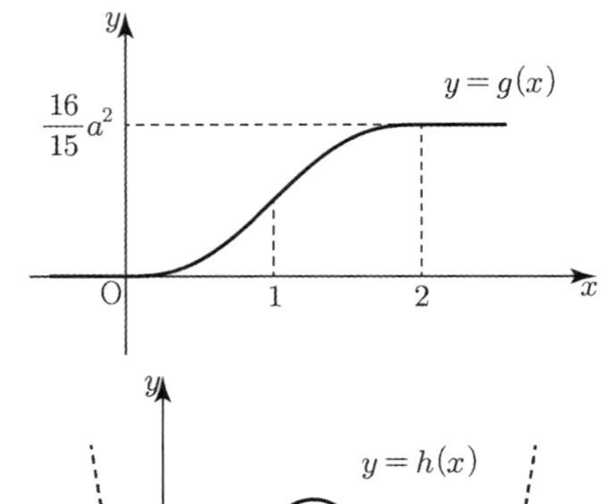

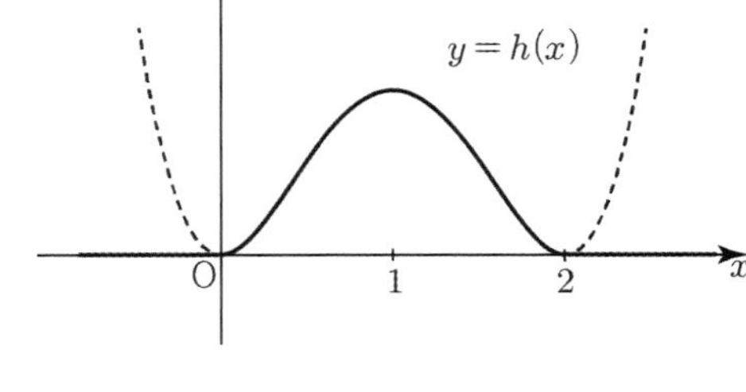

$g(x)=\begin{cases}0 & (x\le 0)\\ \int_0^x h(t)dt & (0<x\le 2)\\ \frac{16}{15}a^2 & (x>2)\end{cases}$

그러므로 방정식 $g(x)=1$의 해의 개수가 2이상이기 위해서는

$\frac{16}{15}a^2=1$이어야 한다.

$a^2=\frac{15}{16}$

$\therefore\ a=\frac{\sqrt{15}}{4}$이다.

랑데뷰 팁

방정식 $g(x)=1$의 해의 개수가 2이상인 경우는 해의 개수가 무수히 많은 경우이다.

060.

정답_5

[그림 : 이호진T]

$xf(x)-\int_0^x f(t)dt-4=0$에서 함수

$g(x)=xf(x)-\int_0^x f(t)dt-4$라 하면 함수 $g(x)$에서

$xf(x)$는 최고차항의 계수가 $\frac{3}{2}$인 삼차함수이고

$\int_0^x f(t)dt$는 최고차항의 계수가 $\frac{1}{2}$인 삼차함수이므로

함수 $g(x)$는 최고차항의 계수가 1인 삼차함수이다.

또 $g(0)=-4$이고 x축에 접한다.

$g'(x)=f(x)+xf'(x)-f(x)$

$=xf'(x)$

에서 $g'(0)=0$이므로 삼차함수 $g(x)$는 $x=0$에서 극솟값 -4를 갖는다. ($\because$ $g(x)=0$의 실근이 2개)

따라서 다음 그림과 같다.

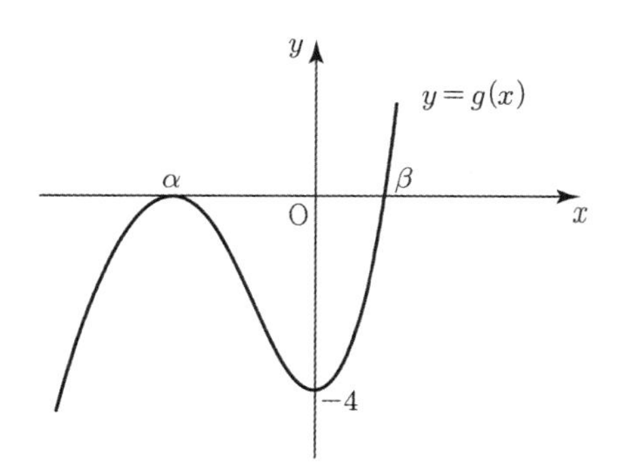

함수 $g(x)$가 $x=\alpha\,(\alpha<0)$에서 극댓값이 0을 가지므로

$\frac{1\times(-\alpha)^3}{2}=4$

$\therefore\ \alpha=-2$

삼차함수 비율에서 $\beta=1$이다.

따라서 $\alpha^2+\beta^2=4+1=5$이다.

Type 4. 속도와 위치

061.

정답_①

두 점 P와 Q의 위치를 각각 $s_1(t)$, $s_2(t)$라 하면

$t=a$에서의 위치는

$s_1(a)=\int_0^a(3t^2-4kt)dt=\left[\ t^3-2kt^2\ \right]_0^a$

$=a^3-2ka^2$

$s_2(a)=\int_0^a(6t^2-3t-4k)dt=\left[\ 2t^3-\frac{3}{2}t^2-4kt\ \right]_0^a$

$=2a^3-\frac{3}{2}a^2-4ka$

$t=a$에서 두 점 P, Q사이의 거리는

$|s_2(a)-s_1(a)|=\left|a^3-\left(\frac{3}{2}-2k\right)a^2-4ak\right|$이다.

$h(a)=a^3-\left(\frac{3}{2}-2k\right)a^2-4ak$라 하면

$h'(a)=3a^2-(3-4k)a-4k$

$=(a-1)(3a+4k)$

$a>0,\ k>0$이므로

$t=a$에서 두 점 P, Q사이의 거리를 나타내는 그래프는 다음과 같다.

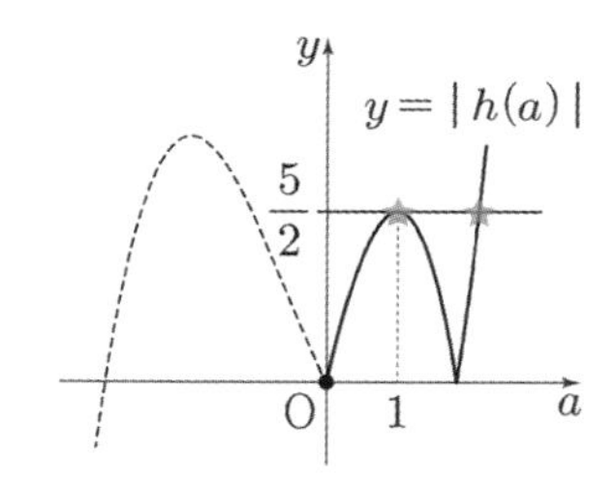

따라서

$|h(1)|=\left|1-\frac{3}{2}+2k-4k\right|=\left|2k+\frac{1}{2}\right|=\frac{5}{2}$

$\therefore\ k=1$

062.

정답_①

점 P가 운동 방향을 한 번만 바꾸는 음이 아닌 실수 a의 값은 $a=0$, $a=\frac{1}{4}$, $a=\frac{1}{2}$일 때다.

(i) $a=0$일 때, $v(t)=t^3(t-1)$

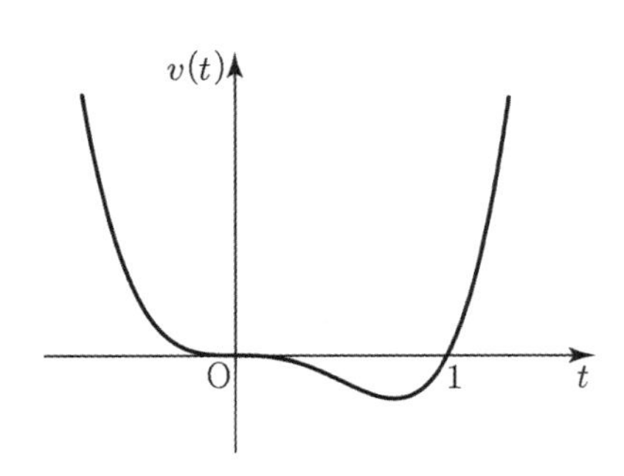

시각 $t=0$에서 $t=1$까지 점 P의 위치의 변화량은

$\int_0^1 v(t)dt$

$=\int_0^1 t^3(t-1)dt=-\frac{1}{20}$

(ii) $a=\frac{1}{4}$일 때, $v(t)=t\left(t-\frac{1}{2}\right)(t-1)^2$

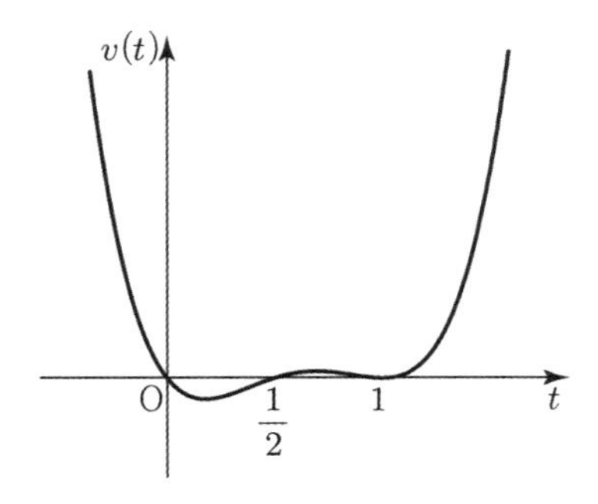

시각 $t=0$에서 $t=1$까지 점 P의 위치의 변화량은

$\int_0^1 v(t)dt$

$=\int_0^1 t\left(t-\frac{1}{2}\right)(t-1)^2dt$

$=\int_0^1 t(t-1)^2\left(t-1+\frac{1}{2}\right)dt$

$=\int_0^1 t(t-1)^3dt+\frac{1}{2}\int_0^1 t(t-1)^2dt$

$=-\frac{1}{20}+\frac{1}{2}\times\frac{1}{12}=\frac{-6+5}{120}=-\frac{1}{120}$

(iii) $a=\frac{1}{2}$일 때, $v(t)=t(t-1)^2(t-2)$

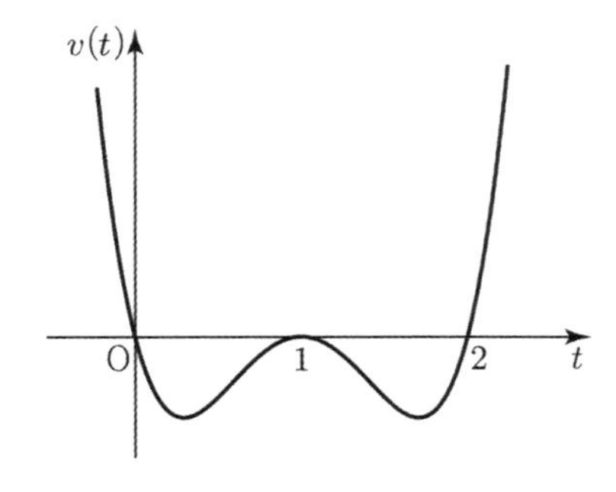

시각 $t=0$에서 $t=1$까지 점 P의 위치의 변화량은

$\int_0^1 v(t)dt$

$=\int_0^1 t(t-1)^2(t-2)dt$

$=\int_0^1 t(t-1)^2(t-1-1)dt$

$=\int_0^1 t(t-1)^3dt-\int_0^1 t(t-1)^2dt$

$=-\frac{1}{20}-\frac{1}{12}=\frac{-3-5}{60}=-\frac{2}{15}$

(i). (ii). (iii)에서 시각 $t=0$에서 $t=1$까지 점 P의 위치의 변화량의 최댓값은 $-\frac{1}{120}$이다.

063.

정답_32

점 P의 속도를 $v(t)$라 하면 (나)에서

$v(t)=4t(t-1)(t-3)$

$=4t^3-16t^2+12t$

$x(t)=\int v(t)dt=t^4-\frac{16}{3}t^3+6t^2+C$

$x(0)=0$이므로 $C=0$이다.

$\therefore\ x(t)=t^4-\frac{16}{3}t^3+6t^2$

점 P가 수직선의 음의 방향으로 움직인 시간은 $t=1$에서 $t=3$이고 $x(1)=1-\frac{16}{3}+6=\frac{5}{3}$,

$x(3)=81-144+54=-9$

따라서 점 P가 출발한 뒤 수직선의 음의 방향으로 움직인 거리는 $x(1)-x(3)=\frac{5}{3}-(-9)=\frac{32}{3}$

$s=\frac{32}{3}$이므로 $3s=32$이다.

064.

정답_②

점 P의 시각 $t=5$에서의 속도가 0 이므로

$v(5)=5a+b=0\ b=-5a$

점 P의 시각 $t=3$에서의 위치와

점 P의 시각 $t=k\ (k>3)$에서의 위치가 서로 같으므로

시각 $t=3$에서 $t=k$까지 점 P의 위치의 변화량은

0이다.

$\int_3^k v(t)dt=\int_3^k (at-5a)dt$

$=\left[\frac{a}{2}t^2-5at\right]_3^k$

$=a(\frac{k^2}{2}-5k)-a(\frac{9}{2}-15)$

$=\frac{a}{2}(k^2-10k+21)$

$=\frac{a}{2}(k-3)(k-7)=0$

따라서 $k=7$

다른 풀이

점 P의 시각 $t=5$에서의 속도가 0 이므로 시간-속도의 그래프에서 $t=3$ 일때의 위치는 대칭적이므로 $t=7$이다.

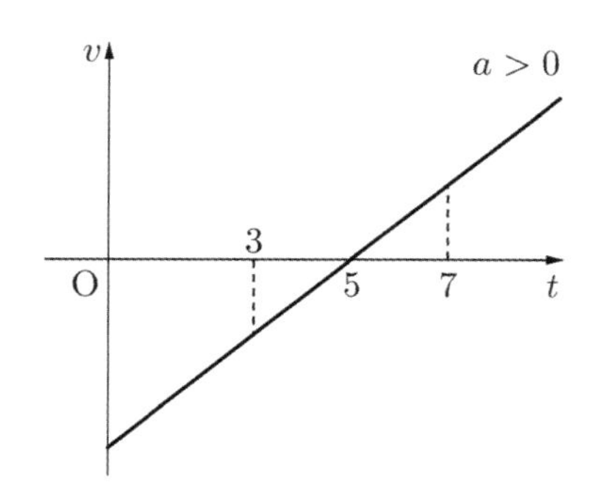

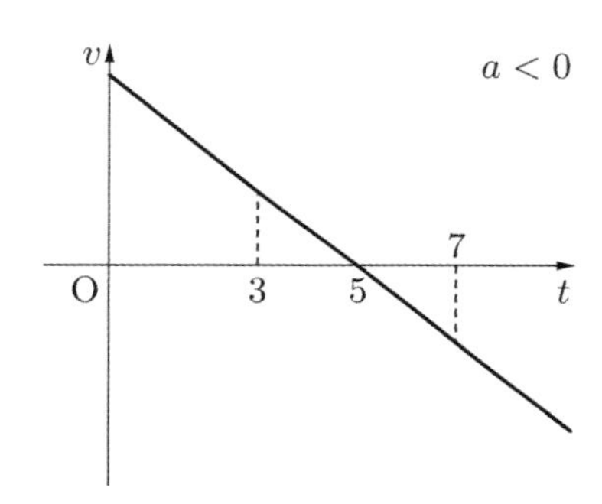

065.

정답_⑤

[그림 : 최성훈T]

점 P의 위치를 $x_1(t)$라 하면

점 P의 속도가 $v_1(t)=-3t^2+(8k+6)t$이므로

$x_1(t)=-t^3+(4k+3)t^2$이다.

점 Q의 위치를 $x_2(t)$라 하면

점 Q의 속도가 $v_2(t)=-9t^2+18kt$이므로

$x_2(t)=-3t^3+9kt^2$이다.

두 곡선 $y=x_1(t)$와 $y=x_2(t)$의 그래프는 다음과 같다.

$x_1(t)=-t^2(t-4k-3)$, $x_2(t)=-3t^2(t-3k)$

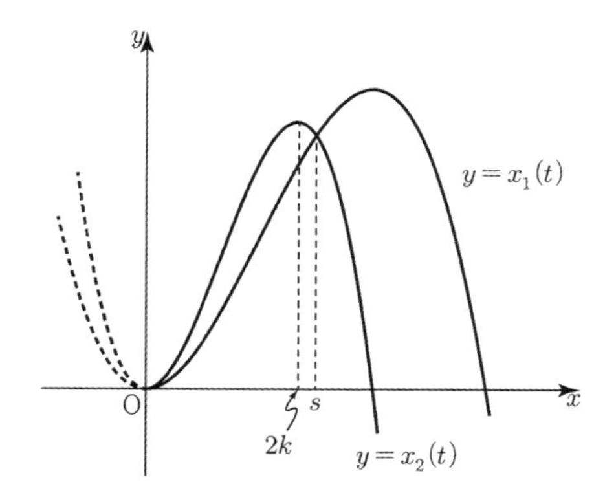

두 점 P, Q가 만나는 시각 s를 구해보자.

$-t^3+(4k+3)t^2=-3t^3+9kt^2$

$2t^3-(5k-3)t^2=0$

$2t^2\left(t-\frac{5k-3}{2}\right)=0$

$t>0$이므로 $s=\frac{5k-3}{2}$

위 그래프에서 점 Q는 $2k$일 때까지 양의 방향으로 움직이다 음의 방향으로 움직이므로 $s>2k$이어야 점 P가 움직인 거리가 점 Q가 움직인 거리보다 작게 된다.

따라서

$\frac{5k-3}{2}>2k$

$k>3$

k는 자연수이므로 k의 최솟값은 4이다.

따라서 s의 최솟값은 $k=4$일 때다.

$s\ \geq\ \frac{5\times4-3}{2}=\frac{17}{2}$

따라서 최솟값은 $\frac{17}{2}$이다.

066.

정답_①

점 P의 위치를 $x_1(t)$라 하면 $x_1(0)=-5$이므로

$x_1(t)=-2t^3-t^2+8t-5$이다.

$v_1(t)=-2(t-1)(3t+4)=0$의 양수해가 $t=1$이므로

함수 $x_1(t)$는 $t\ \geq\ 0$에서 $t=1$일 때 극댓값 0을 갖는 그래프이다.

점 Q의 위치를 $x_2(t)$라 하면 $x_2(0)=3$이므로

$x_2(t)=-t^2-t+3$이다.

함수 $x_2(t)$는 $t\ \geq\ 0$에서 감소하는 그래프이다.

다음 그림과 같다.

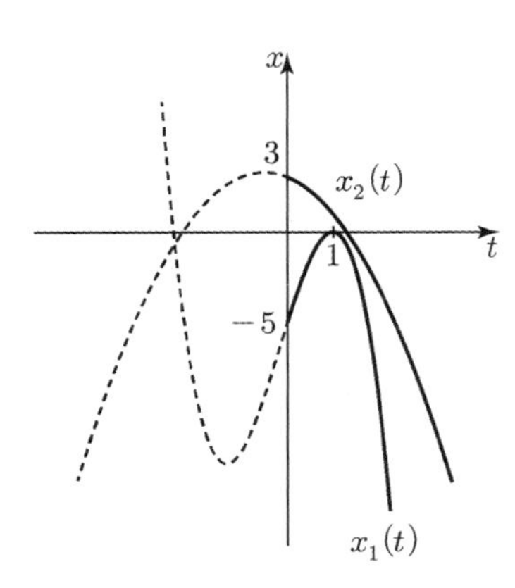

따라서 두 점 P와 Q사이의 거리는 $x_2(t) > x_1(t)$이므로

$x_2(t)-x_1(t)=2t^3-9t+8$이다.

$2t^3-9t+8=1$

$2t^3-9t+7=0$

$(t-1)(2t^2+2t-7)=0$에서

두 점 P, Q사이의 거리가 처음으로 1이 될 때는 $t=1$일 때다.

그러므로

점 P는 $t=0$일 때, 수직선에서의 위치가 -5이고 $t=1$일 때, 수직선에서의 위치는 0이므로 움직인 거리는 5이다.

점 Q는 $t=0$일 때, 수직선에서의 위치가 3이고 $t=1$일 때, 수직선에서의 위치가 1이므로 움직인 거리는 2이다.

따라서

점 P가 움직인 거리와 점 Q가 움직인 거리의 합은 7이다.

067. 정답_3

$x(t)=t(t-a)(t-b)$에서 $x(0)=x(a)=x(b)=0$이므로

$\int_0^a v(t)dt=x(a)-x(0)=0$

$\int_0^a |v(t)|dt=\int_0^a v(t)dt+2x(c)$에서

$\int_0^a |v(t)|dt=2x(c)$

이때, $\int_0^a |v(t)|dt > 0$이므로 $x(k)>0$

$x(0)=x(a)=0$이므로 $\int_0^a |v(t)|dt=2x(c)$에서 시각 $t=0$에서 $t=a$까지 점 P가 움직인 거리가 $t=c$ $(0<c<a)$에서 점 P의 위치의 2배가 되기 위해서는 삼차함수 $x(t)$가 $t=c$에서 극대이어야 한다.

이때 $0 \le t \le a$에서 $x(t) \ge 0$이므로 $b \ge a$이다.

즉, b의 최솟값이 a이다.

따라서 $x(t)=t(t-a)^2$일 때,

$x'(t)=(t-a)^2+2t(t-a)=(t-a)(3t-a)$

$x'(t)=0$의 해가 $t=a$, $t=\frac{a}{3}$

$t=\frac{a}{3}$일 때, 극대이므로 $c=\frac{a}{3}$이다.

그러므로 $\frac{a}{c}=3$이다.

068. 정답_31

(i) $f(t)=(t-a)(t-2a)^2$일 때, 점 Q가 운동 방향을 바꾸지 않으려면 $v_Q=(t-a)(t-2a)^2(t-6)$에서

$a=6$이어야 한다.

따라서 $f(t)=(t-6)(t-12)^2$이고

$t=6$에서 $t=12$까지 점 P가 움직인 거리는 $\frac{6^4}{12}=108$

[세미나 (96) 참고]

(ii) $f(t)=(t-a)^2(t-2a)$일 때, 점 Q가 운동 방향을 바꾸지 않으려면 $v_Q=(t-a)^2(t-2a)(t-6)$에서

$2a=6$이어야 한다.

따라서 $f(t)=(t-3)^2(t-6)$이고

$t=3$에서 $t=6$까지 점 P가 움직인 거리는 $\frac{3^4}{12}=\frac{27}{4}$

[세미나 (96) 참고]

(i). (ii)에서 최솟값은 $\frac{27}{4}$이다.

$\therefore\ p=4,\ q=27$

그러므로 $p+q=31$

069. 정답_②

$x_1'=3t^2-8t$, $x_2'=a$이므로

두 점 P, Q가 만나는 시각을 s라 하면

$s^3-4s^2+1=as+1$ ⋯ ㉠

$3s^2-8s=a$ ⋯ ㉡

이 성립한다.

㉡을 ㉠에 대입하면

$s^3-4s^2=s(3s^2-8s)$

$2s^3-4s^2=0$

$2s^2(s-2)=0$

$\therefore\ s=2$

㉡에 대입하면 $a=3\times2^2-8\times2=-4$

070.

정답_③

주어진 조건을 해석해보면 기울기가 양수인 직선 x_2가 삼차함수 x_1의 극댓점을 지나고 접한다는 것을 알 수있다.

삼차함수 $x_1(t)$의 도함수는 $x_1{}'(t)=-3t^2+12t$이고 $t=4$에서 극대이다.

방정식 $-t^3+6t^2=0$의 세 근의 합이 6이므로

방정식 $-t^3+6t^2=at+b$의 세 근의 합도 6이다. ($\because$ 삼차함수의 근과 계수와의 관계)

삼차함수와 직선의 접점의 t값을 k라 하면

$k+k+4=6$이므로 $k=1$이다.

따라서 $x_2(t)=at+b$는 접점 $(1,\ 5)$와 극댓점 $(4,\ 32)$를 지난다.

$a+b=5,\ 4a+b=32$이므로 $a=9,\ b=-4$

$\therefore a-b=13$

071.

정답_③

물체의 위치 $S(t)=\int_0^t v(x)dx=t(t^2-2at+3a)$이므로

$t^2-2at+3a$가 중근을 갖는 경우인 $a^2-3a=0$에서 $a=3$이다.

따라서 $S(t)=t(t-3)^2$이고, $S(k)=S(k+3)$을 만족시키는 양수 $k=1$이므로 $S(1)=4$이다.

072.

정답_②

점 P의 속도와 위치는

$v_P(t)=t^2-2t+C,\ s_P(t)=\frac{1}{3}t^3-t^2+Ct$이다.

점 Q의 속도와 위치는

$v_Q(t)=3t^2+4t+D,\ s_Q(t)=t^3+2t^2+Dt$이다.

$s_P(3)=3C,\ s_Q(3)=45+3D$

$3C=45+3D$

$\therefore\ C-D=15$

$v_P(1)=-1+C,\ v_Q(1)=7+D$이므로

$t=1$일 때, 점 P의 속도와 점 Q의 속도의 차는

$|v_P(1)-v_Q(1)|=|(-1+C)-(7+D)|=7$

073.

정답_③

$v(t)$는 $v(0)=v'(0)=0$인 삼차함수이므로

$v(t)=t^2(at+b)=at^3+bt^2$

$t=4$일 때 점 P의 위치는 0이므로

$\int_0^4 v(t)dt=\int_0^4 (at^3+bt^2)dt$

$=\left[\frac{a}{4}t^4+\frac{b}{3}t^3\right]_0^4$

$=4^3a+\frac{4^3}{3}b=0$

$b=-3a$

$t=0$에서 $t=6$까지 점 P의 위치 변화량은

$\int_0^6 (at^3-3at^2)dt=a\left[\frac{1}{4}t^4-t^3\right]_0^6$

$=108a=432$

그러므로 $a=4$

$t=0$에서 $t=5$까지 점 P가 움직인 거리는

$\int_0^5 |4t^3-12t^2|dt=\int_0^3 (12t^2-4t^3)dt+\int_3^5 (4t^3-12t^2)dt$

$=\left[4t^3-t^4\right]_0^3+\left[t^4-4t^3\right]_3^5$

$=179$

074.

정답_①

$v(t)=\int a(t)dt=4t^3-9t^2+C$ (C는 상수)

따라서 점 P의 위치를 $x(t)$라 하면

$x(t)=\int v(t)dt=t^4-3t^3+Ct$이다.

$x(t)=t(t^3-3t^2+C)$에서

$f(t)=t^3-3t^2+C$ 라 할 때,

방정식 $f(t)=0$은 양수해를 1개 가져야 한다.

$f'(t)=3t^2-6t=3t(t-2)$

$f'(t)=0$의 해가 $t=0,\ t=2$이므로 함수 $f(t)$는 $t=0$에서 극댓값, $t=2$에서 극솟값을 갖는다.

방정식 $f(t)=0$의 양수해가 1이기 위해서는 함수 $f(t)$의 극솟값이 0이어야 한다.

따라서 $f(2)=8-12+C=0$에서 $C=4$이다.

그러므로 $x(t)=t^4-3t^3+4t$이다.

$x(4)=256-192+16=80$

075.

정답_④

출발한 시각부터 두 점 P, Q 사이의 거리가 처음으로 1이 되려면, 점 $A(0)$과 점 $B(10)$에서 출발했으므로 점 P, Q의 위치를 각각 $x_1(t), x_2(t)$라 하면

$x_1(t)-x_2(t)=-1$이다.

$x_1(t)=0+\int_0^t (3t^2+2t-5)dt$

$=t^3+t^2-5t$

$x_2(t)=10+\int_0^t(2t+1)dt$

$=t^2+t+10$

$\therefore x_1(t)-x_2(t)=t^3-6t-10=-1,\ t=3$

따라서 $t=0$부터 $t=3$까지 점 P가 움직인 거리는

$\int_0^3|3t^2+2t-5|dt$

$=\int_0^1(-3t^2-2t+5)dt+\int_1^3(3t^2+2t-5)dt$

$=[-t^3-t^2+5t]_0^1+[t^3+t^2-5t]_1^3$

$=(3-0)+\{21-(-3)\}$

$=27$

076.

정답_④

ㄱ. $t=a$일 때, 세 물체 A, B, C의 높이는 각각

$\int_0^a f(t)dt$, $\int_0^a g(t)dt$, $\int_0^a h(t)dt$이다.

이때, 주어진 그림에서

$\int_0^a h(t)dt>\int_0^a f(t)dt>\int_0^a g(t)dt$

이므로 물체 C가 가장 높은 위치에 있다. (거짓)

ㄴ. $0\le t\le b$일 때 $\int_0^b f(t)\,dt=\int_0^b h(t)\,dt$ 이므로 물체 A와 물체 C는 같은 높이에 있다. 또한

$\int_0^c f(t)dt=\int_0^c g(t)dt$이므로 $t=c$일 때, 물체 A와 물체 B는 같은 높이에 있고 $\int_0^b f(t)dt>\int_0^b g(t)dt$,

$\int_b^c f(t)dt<\int_b^c g(t)dt$이므로 $0<t<c$에서 물체 B가 물체 A보다 항상 낮은 위치에 있다가 $t=c$인 시각에 같은 높이가 되었으므로 $t=b$일 때 물체 B는 물체 A보다 낮은 위치에 있다. 그러므로 물체 B가 가장 낮은 위치에 있다. (참)

ㄷ. $\int_0^c f(t)dt=\int_0^c g(t)dt$이므로 $t=c$일 때, 물체 A와 물체 B는 같은 높이에 있다. 또한 $t=b$에서 물체 A와 물체 C가 같은 높이에 위치한 뒤

$\int_b^c f(t)dt>\int_b^c h(t)dt$이므로 $t=c$에서는 물체 A가 물체 C보다 높은 위치에 있다. 따라서 $t=c$ 일 때, 물체 A 와 물체 B 는 같은 높이에 있고 물체 C는 가장 낮은 위치에 있다. (참)

이상에서 옳은 것은 ㄴ, ㄷ이다.

077.

정답_②

운동 방향이 바뀔 때는 $v(t)=0$을 만족하는 t이므로

$3t^2-12t+9=3(t-1)(t-3)=0$

$a=1,\ b=3$이다.

따라서 $t=a-1=0$에서 $t=b=3$까지의 위치의 변화량은

$\int_0^3(3t^2-12t+9)dt=\left[\ t^3-6t^2+9t\ \right]_0^3$

$=27-54+27=0$

078.

정답_③

ㄱ. $t=a,\ b,\ c$에서 $v(t)$의 부호가 바뀌므로 (참)

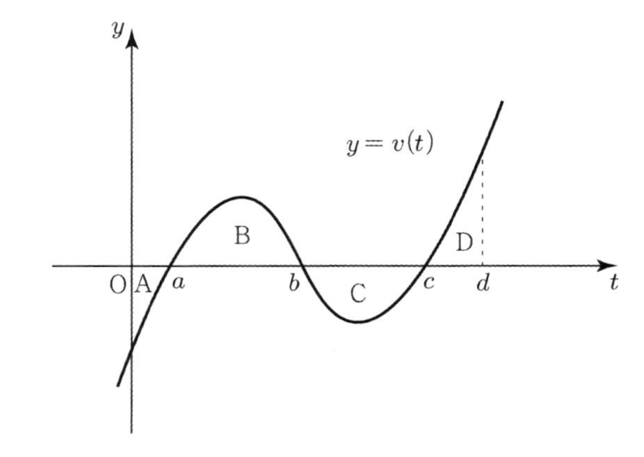

ㄴ. 위 그림의 각 부분의 넓이를 이용하여

$t=a$에서 위치 $-A<0$

$t=b$에서 위치 $-A+B>0$

$t=c$에서 위치 $-A+B-C<0$ ($\because$ (가) 조건에서 $B=C$)

$t=d$에서 위치 $-A+B-C+D=-A+D<0$ ($\because$ (다) 조건)

따라서 원점을 두 번 지난다. (참)

ㄷ. $t=0$에서 $t=c$까지 위치변화량은 $-A$

$t=c$에서 $t=d$까지 위치변화량은 D

시각 $t=0$에서 시각 $t=c$까지 점 P의 위치의 변화량과 시각 $t=c$에서 시각 $t=d$까지 점 P의 위치의 변화량의 차는 $D+A$

ㄴ에서 $t=d$에서 위치는 $-A+D$이므로

$-A+D=-1$이고 $D=A-1$

따라서 $D+A=2A-1$

그런데 $A<B$이고

$B=\int_a^b(t-a)(t-b)(t-c)dt$

$=\int_{-2}^0(t+2)t(t-2)dt=4$ (정적분의 평행이동 사용)

$\therefore\ 2A-1<7$ (거짓)

079.

정답_⑤

점 P의 $t=a$에서의 위치는

$\int_0^a v_1(t)dt=\int_0^a (t^2-2t+2)dt$

$=\left[\frac{1}{3}t^3-t^2+2t\right]_0^a$

$=\frac{1}{3}a^3-a^2+2a$

점 Q의 $t=a$에서의 위치는

$\int_0^a v_2(t)dt=\int_0^a (2t-1)dt$

$=\left[\ t^2-t\ \right]_0^a$

$=a^2-a$

그러므로

$\frac{1}{3}a^3-a^2+2a=a^2-a$

$\frac{1}{3}a^3-2a^2+3a=0$

$\frac{1}{3}a(a^2-6a+9)=0$

$\frac{1}{3}a(a-3)^2=0$

$\therefore\ a=3$

따라서

$v_2(3)=2\times3-1=5$

080.

정답_④

시각 t에서의 점 P의 위치 x가

$$x=\begin{cases}4t^2-8t & (0\le t<2)\\ -2t^2+16t-24 & (2\le t<6)\\ 4t^2-56t+192 & (6\le t\le 8)\end{cases}$$

이므로 시각 t에서의 점 P의 속도 v는

$$v=\begin{cases}8t-8 & (0\le t<2)\\ -4t+16 & (2\le t<6)\\ 8t-56 & (6\le t\le 8)\end{cases}$$

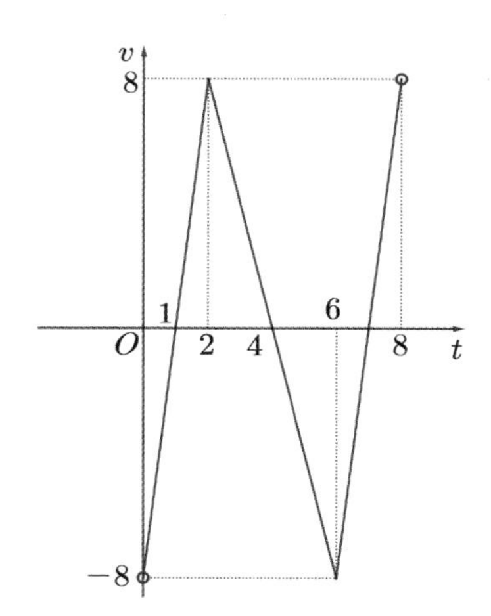

ㄱ. $2<t<6$일 때, 점 P의 가속도 a는

$a=\frac{dv}{dt}=-4<0$ (참)

ㄴ. $v=0$에서 $t=1$ 또는 $t=4$ 또는 $t=7$

이때 $t=1$의 좌우에서 속도 v의 부호가 반대이므로 점 P는 시각 $t=1$에서 운동 방향을 바꾼다.

마찬가지로 $t=4$, $t=7$일 때에도 점 P는 운동 방향을 바꾼다.

따라서 $0<t<8$에서 점 P가 운동 방향을 바꾸는 시간의 합은 $1+4+7=12$ 이다. (거짓)

ㄷ. $1\le k\le 2$일 때 $4\le 6-k\le 5$이므로 점 P의 시각 $t=k$에서의 속도는 $8k-8$이고,

시각 $t=6-k$에서의 속도는 $-4(6-k)+16=4k-8$

이므로 두 속도의 곱을 $h(k)$라 하면

$h(k)=8(k-1)\times4(k-2)=32(k^2-3k+2)$

$\quad=32\left\{\left(k-\frac{3}{2}\right)^2-\frac{1}{4}\right\}$

따라서 $1\le k\le 2$에서 함수 $h(k)$는 $k=\frac{3}{2}$일 때 최솟값 -8을 갖는다. (참)

이상에서 옳은 것은 ㄱ, ㄷ이다.

Type 5. 그래프 해석

081.

정답_②

[그림 : 강민구T]

$h(x)=x^4-12x^2$라 할 때,

방정식 $h'(x)=4x^3-24x=4x(x^2-6)=0$의 실근이

$x=-\sqrt{6}$, $x=0$, $x=\sqrt{6}$ 이므로

$h(2\sqrt{2})=64-96=-32$, $h(0)=0$이다.

$$f(x)=\begin{cases}-h(x) & (x<0)\\ h(x) & (x\ge 0)\end{cases}$$ 이므로

따라서 함수 $f(x)$의 그래프는 다음과 같다.

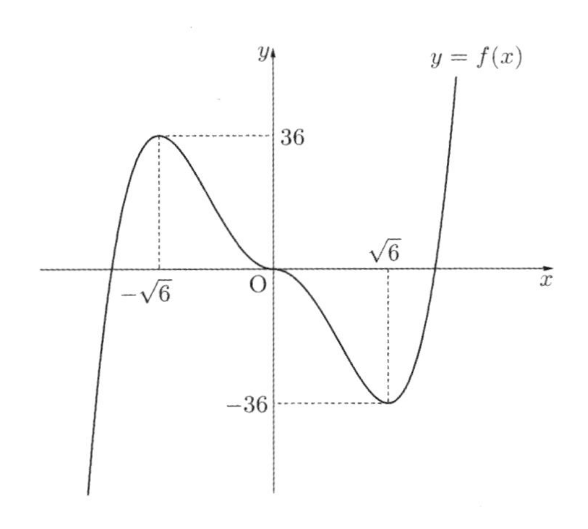

(i) $k=36$일 때, $a=72$이면

곡선 $g(x)=|f(x)+36|$와 직선 $y=72$의 교점의 개수가 3으로 유일한 홀수이다.

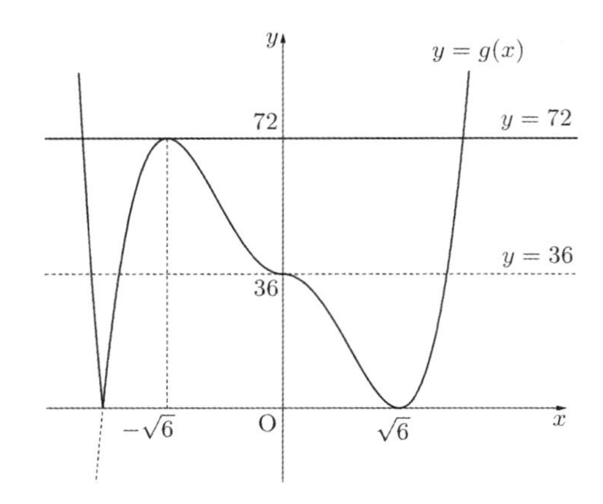

(ii) $k=0$일 때, $a=0$이면

곡선 $g(x)=|f(x)|$와 직선 $y=0$의 교점의 개수가 3으로 유일한 홀수이다.

(iii) $k=-36$일 때, $a=72$이면

곡선 $g(x)=|f(x)-36|$와 직선 $y=72$의 교점의 개수가 1로 유일한 홀수이다.

따라서

(i), (ii), (iii) k의 최댓값은 36이고 최솟값은 -36이다.

$36-(-36)=72$이다.

082.

정답_③

함수 $h(x)$를 $h(x)=f(x)-g(x)$라 하면

사차함수 $h(x)$가 최솟값이 0일 때, 두 함수 $f(x)$와 $g(x)$가 오직 한 점에서 만난다.

$h(x)=3x^4-16ax^3+18a^2x^2+27$

$h'(x)=12x^3-48ax^2+36a^2x$

$=12x(x^2-4ax+3a^2)$

$=12x(x-a)(x-3a)$

(i) $a>0$일 때,

사차함수 $h(x)$는 $x=a$에서 극댓값을 갖고 $x=0$과 $x=3a$에서 극솟값을 갖는다.

최솟값은 $h(3a)$이다.

(ii) $a<0$일 때,

사차함수 $h(x)$는 $x=a$에서 극댓값을 갖고 $x=0$과 $x=3a$에서 극솟값을 갖는다.

최솟값은 $h(3a)$이다.

(i), (ii)에서 사차함수 $h(x)$의 최솟값은 $h(3a)$이다.

$h(3a)=243a^4-432a^4+162a^4+27$

$=-27a^4+27=0$

$a^4=1$

$\therefore\ a=-1,\ a=1$이다.

따라서 모든 a의 합은 0이다.

083.

정답_⑤

[그림 : 도정영T]

$|x+2|g(x)=f(x)$의 양변에 $x=-2$를 대입하면

$f(-2)=0$이다.

$f(x)$는 최고차항의 계수가 1인 삼차함수이므로

$f(x)=(x+2)(x^2+ax+b)$라 할 수 있다.

따라서

$$g(x)=\begin{cases} x^2+ax+b & (x>-2) \\ -x^2-ax-b & (x<-2) \end{cases}$$

이다.

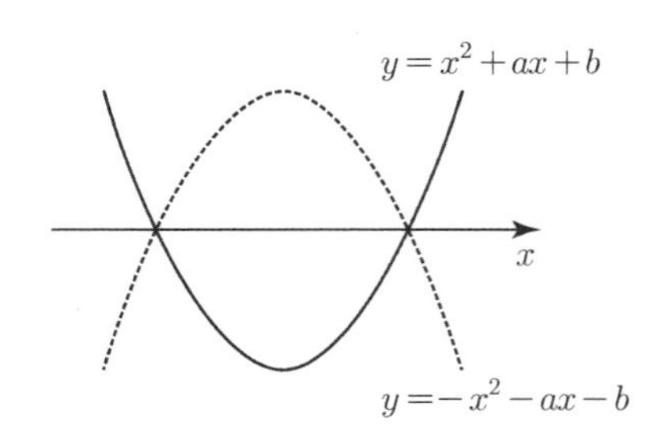

두 곡선 $y=x^2+ax+b$와 $y=-x^2-ax-b$은 x축 대칭이고 함수 $g(x)$가 실수 전체의 집합에서 연속이므로 두 곡선 $y=x^2+ax+b$와 $y=-x^2-ax-b$은 x축과 $x=-2$에서 만난다.

(i) $y=x^2+ax+b$이 x축과 만나는 점의 개수가 2일 때,

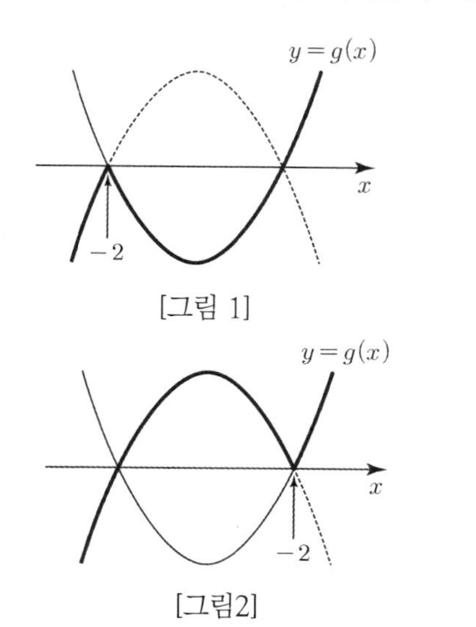

[그림 1]

[그림2]

그림에서 함수 $h(t)$가 불연속인 t의 개수가 2이므로 조건에 모순이다.

[그림 1]에서 극솟값이 k이면 $h(t)=\begin{cases}1 & (t>0)\\2 & (t=0)\\3 & (k<t<0)\\2 & (t=k)\\1 & (t<k)\end{cases}$

[그림 2]에서 극댓값이 k이면 $h(t)=\begin{cases}1 & (t>k)\\2 & (t=k)\\3 & (0<t<k)\\2 & (t=0)\\1 & (t<0)\end{cases}$

(ii) $y=x^2+ax+b$이 x축과 만나는 점의 개수가 1일 때,

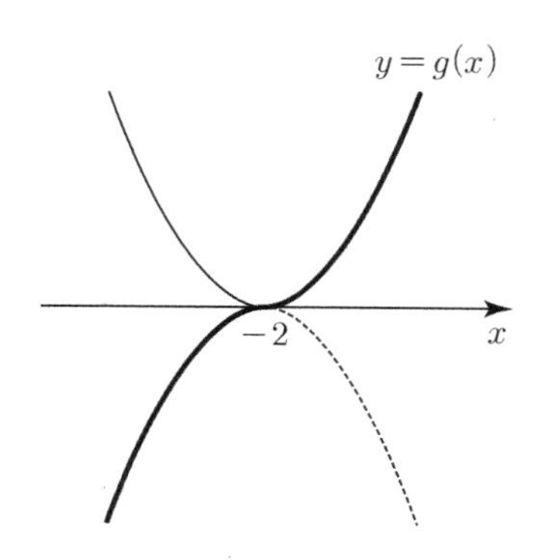

그림에서 모든 실수 t에 대하여 $h(t)=1$로 조건을 만족시킨다.

따라서 $g(x)=\begin{cases}(x+2)^2 & (x>-2)\\-(x+2)^2 & (x<-2)\end{cases}$ 이다.

$f(x)=(x+2)^3$이므로 $f(1)=27$이다.

084.

정답_①

$g(t)=2t+2f(t)$, $h(t)=tf(t)$이다.

$g'(t)=2+2f'(t)$, $h'(t)=f(t)+tf'(t)$이고

$g'(1)=2+2f'(1)=0$에서 $f'(1)=-1$ …… ㉠

$h'(1)=f(1)+f'(1)=0$에서 $f(1)=1$ …… ㉡

$f(0)=0$이므로 $f(x)=ax^2+bx$라 하면

$f'(x)=2ax+b$이고

㉠, ㉡에서

$2a+b=-1$

$a+b=1$

이고 연립방정식을 풀면 $a=-2$, $b=3$이다.

$\therefore$ $f(x)=-2x^2+3x$이다.

그러므로 $f(2)=-8+6=-2$이다.

085.

정답_15

[출제자 : 오세준T]

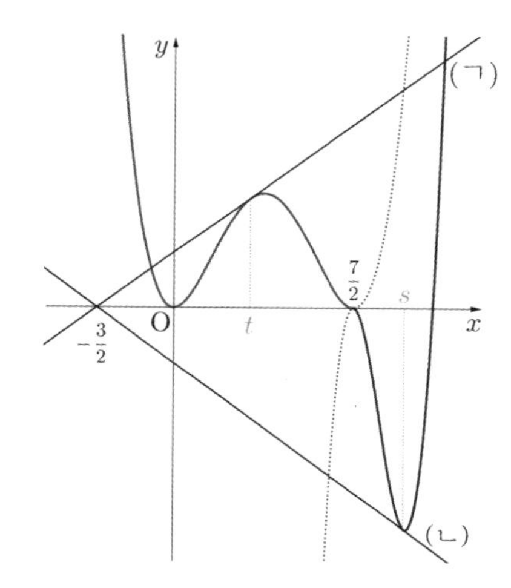

함수 $g(x)$가 구간 $(0,\ \infty)$에서 미분가능해야 하므로 함수 $f(x)$는 그림과 같이 존재해야 한다.

조건 (가)에 의해 함수 $f(x)$는

$f(x)=a\left(x-\frac{7}{2}\right)^2\left(x-\frac{111}{22}\right)$라 할 수 있다.

함수 $y=\frac{1}{4}x^2\left(x-\frac{7}{2}\right)^2$와 기울기가 m이고 점 $\left(-\frac{3}{2},\ 0\right)$을 지나는 접선 $y=m\left(x+\frac{3}{2}\right)$의 접점의 x좌표를 $t(t>0)$라 하면

$\frac{1}{4}t^2\left(t-\frac{7}{2}\right)^2=m\left(t+\frac{3}{2}\right)$ … ㉠

$y'=\frac{1}{2}x\left(x-\frac{7}{2}\right)^2+\frac{1}{2}x^2\left(x-\frac{7}{2}\right)$

$=\frac{1}{2}x\left(x-\frac{7}{2}\right)\left(2x-\frac{7}{2}\right)$

이므로

$\frac{1}{2}t\left(t-\frac{7}{2}\right)\left(2t-\frac{7}{2}\right)=m$ ⋯ ㉡

㉠÷㉡을 하면

$\frac{1}{2}t\left(t-\frac{7}{2}\right)=\left(2t-\frac{7}{2}\right)\left(t+\frac{3}{2}\right)$,

$6t^2+5t-21=0$, $(2t-3)(3t+7)=0$

$\therefore\ t=\frac{3}{2}(t>0)$

㉡에 대입하면 $m=\frac{3}{4}$

따라서 조건 (나)에 의해 직선 (ㄴ)의 기울기는 $-\frac{3}{4}$

함수 $f(x)=a\left(x-\frac{7}{2}\right)^2\left(x-\frac{111}{22}\right)$와 기울기가 $-\frac{3}{4}$이고

점 $\left(-\frac{3}{2},\ 0\right)$을 지나는 접선 $y=-\frac{3}{4}\left(x+\frac{3}{2}\right)$의 접점의

x좌표를 $s(s>0)$라 하면

$a\left(s-\frac{7}{2}\right)^2\left(s-\frac{111}{22}\right)=-\frac{3}{4}\left(s+\frac{3}{2}\right)$ ⋯ ㉢

$f'(x)=a\left(x-\frac{7}{2}\right)^2+2a\left(x-\frac{7}{2}\right)\left(x-\frac{111}{22}\right)$

$=a\left(x-\frac{7}{2}\right)\left(3x-\frac{299}{22}\right)$

이므로 $a\left(s-\frac{7}{2}\right)\left(3s-\frac{299}{22}\right)=-\frac{3}{4}$ ⋯ ㉣

㉢÷㉣을 하면

$\left(s-\frac{7}{2}\right)\left(s-\frac{111}{22}\right)=\left(s+\frac{3}{2}\right)\left(3s-\frac{299}{22}\right)$

$s^2-\frac{94}{11}s+\frac{777}{44}=3s^2-\frac{100}{11}s-\frac{897}{44}$

$44s^2-12s-837=0$, $(22s+93)(2s-9)=0$

$\therefore\ s=\frac{9}{2}(s>0)$

㉢에 대입하면

$a\times\left(-\frac{6}{11}\right)=-\frac{9}{2}$

$\therefore\ a=\frac{33}{4}$

따라서 $f(x)=\frac{33}{4}\left(x-\frac{7}{2}\right)^2\left(x-\frac{111}{22}\right)$이므로

$g\left(\frac{11}{2}\right)=f\left(\frac{11}{2}\right)$

$=\frac{33}{4}\times4\times\frac{10}{22}$

$=15$

086.

정답_④

(가)에서 방정식 $|f(x)-f(0)|=0$의 해가 $x=a$와 $x=0$이므로 함수 $f(x)-f(0)$은 $x=a$에서 x축과 만나고 $x=a$에서 미분가능하지 않으므로 $(x-a)$을 인수로 갖는다. 또한 $x=0$에서 x축에 접해야 하므로 x^2을 인수로 갖는다.

함수 $f(x)$가 최고차항의 계수가 1인 삼차함수이므로

$f(x)-f(0)=(x-a)x^2$라 할 수 있다.

$f(x)=(x-a)x^2+f(0)$

$f(0)=f(a)$이므로 $f(x)=(x-a)x^2+f(a)$이다.

$f'(x)=x^2+2x(x-a)\ \Rightarrow\ f'(a)=a^2$이다.

따라서 접선의 방정식은 $y=a^2(x-a)+f(a)$이다.

(나)에서 $(x-a)x^2+f(a)=a^2(x-a)+f(a)$의 해가 $x=a$와 $x=b$이다.

$(x-a)^2(x+a)=0$

$x=a$ 또는 $x=-a$

따라서 $b=-a$ ⋯㉠

한편, (나)에서 $|f(a)|=1$이므로 $|f(0)|=1$이다.

(i) $f(0)=-1$일 때, $f(a)=-1$이므로 $f(b)=f(-a)=1$이다.

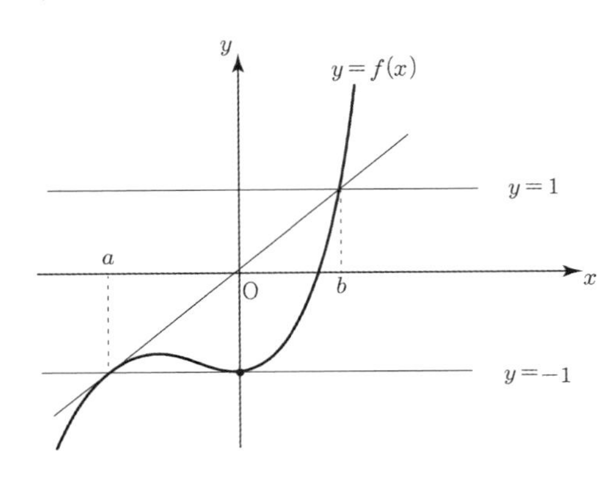

$f(x)=(x-a)x^2-1$이고

$f(-a)=-2a\times a^2-1=1$

$a^3=-1$

$a=-1$

$\therefore\ f(x)=(x+1)x^2-1$

그러므로 $f(2)=3\times4-1=11$

(ii) $f(0)=1$일 때, $f(a)=1$이므로 $f(b)=f(-a)=-1$이다.

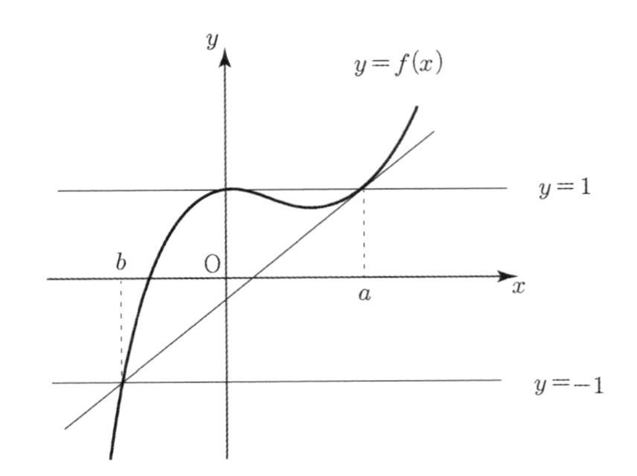

$f(x)=(x-a)a^2+1$

$f(-a)=-2a\times a^2+1=-1$

$a^3=1$

$a=1$

$\therefore\ f(x)=(x-1)x^2+1$

그러므로 $f(2)=1\times 4+1=5$

(i), (ii)에서 $f(2)$의 최댓값은 11이다.

랑데뷰 팁

삼차함수 비율에서 삼차함수 위의 점 $x=a$(증가하는 위로 볼록한 부분의 한 점) 에서 그은 접선이 $y=f(x)$와 만나는 점의 x좌표를 b, c $(a<b<c)$라 $\dfrac{a+c}{2}=b$이다.

따라서 ㉠에서 $\dfrac{a+b}{2}=0$이므로 $b=-a$

[추가 설명]-안형진T

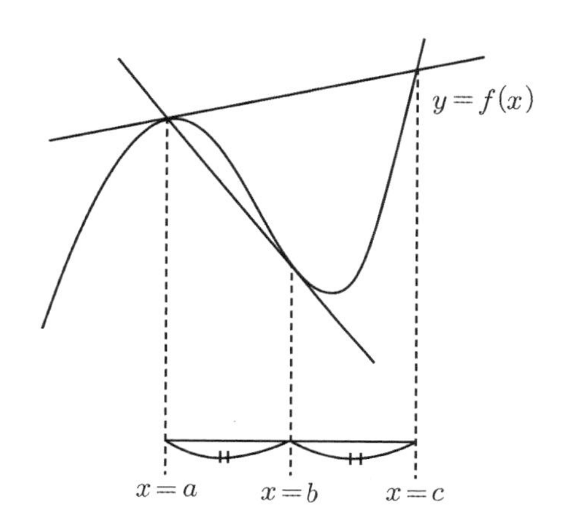

$y=f(x)$ 위의 점 $(a,\ f(a))$를 지나고 $y=f(x)$에 접하는 직선을 2개 그을 수 있을 때,
각 직선이 $y=f(x)$와 만나는 $(a,\ f(a))$가 아닌 점을 $(b,\ f(b))$, $(c,\ f(c))$라 하자. (단, $a<b<c$혹은 $c<b<a$)
이때, $2b=a+c$는 항상 성립한다.
$\therefore$ ㉠에서 $0=a+b$이므로 $b=-a$

087.

정답_16

[그림 : 서태욱T]

삼차함수 $f(x)$를 미분한 이차함수 $f'(x)$가 $f'(-x)=f'(x)$을 만족시키므로
$f'(x)=3x^2+k$꼴이다.
따라서 $f(x)=x^3+kx+C$ 이고 $f(0)=1$이므로 $C=1$
$f(x)=x^3+kx+1$이다.
계산 편의상 양수 a에 대하여 $k=-a^2$이라 하면
$f(x)=(x+a)x(x-a)+1$

그러므로 함수 $g(x)$는 다음 그림과 같다.

(i) $k>0$일 때,

$$\int_0^3 g(x)dx=\int_0^3 f(x)dx=\int_0^3 (x^3+kx+1)dx$$

$$=\left[\frac{x^4}{4}+\frac{k}{2}x^2+x\right]_0^3=\frac{93}{4}+\frac{9}{2}k>\frac{37}{4}$$ 이므로

모순이다.

(ii) $k<0$일 때,

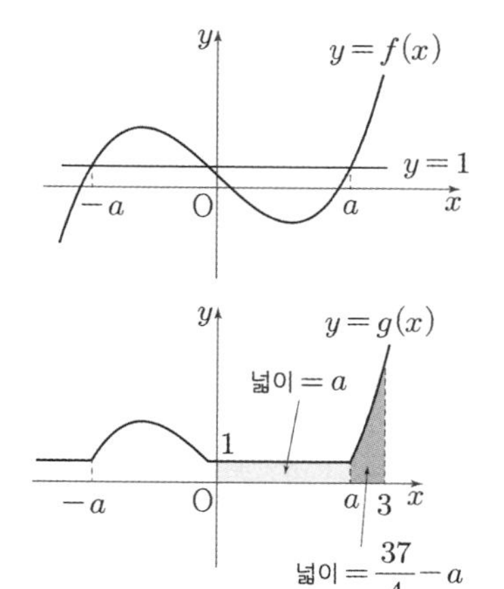

$\displaystyle\int_0^3 g(x)dx=\frac{37}{4}>3$이므로 $a<3$이다.

$$\int_0^3 g(x)dx=\int_0^a g(x)dx+\int_a^3 g(x)dx$$

$$=a+\int_a^3 f(x)dx$$

따라서

$$\int_a^3 (x^3-a^2x+1)dx=\frac{37}{4}-a$$

$$\left[\frac{1}{4}x^4-\frac{1}{2}a^2x^2+x\right]_a^3=\frac{37}{4}-a$$

$$\left(\frac{81}{4}-\frac{9}{2}a^2+3\right)-\left(\frac{1}{4}a^4-\frac{1}{2}a^4+a\right)=\frac{37}{4}-a$$

$$\frac{1}{4}a^4-\frac{9}{2}a^2-a+\frac{93}{4}=\frac{37}{4}-a$$

$$\frac{1}{4}a^4-\frac{9}{2}a^2+14=0$$

$a^4-18a^2+56=0$

$(a^2-4)(a^2-14)=0$

$a^2=4$ $(\because\ 0<a<3)$

$a=2$

따라서 $k=-4$

$f(x)=x^3-4x+1$

$f(3)=27-12+1=16$

088.

정답_④

[그림 : 최성훈T]

$f(x)=\begin{cases} x^3+ax^2+bx+c & (x<0) \\ -x^3-ax^2+bx+c & (x \ge 0) \end{cases}$ 에서

$f'(x)=\begin{cases} 3x^2+2ax+b & (x<0) \\ -3x^2-2ax+b & (x \ge 0) \end{cases}$ 이고

$g_1(x)=3x^2+2ax+b$, $g_2(x)=-3x^2-2ax+b$라 하면

두 이차함수 $g_1(x)$와 $g_2(x)$는 축의 방정식이 $x=-\frac{a}{3}$로

동일하고 $y=b$에 서로 선대칭인 함수이다. …㉠

정의역에 $x=2$를 포함하는 함수는 $g_2(x)$이고 $x=2$를

경계를 증감이 변하므로 $g_2(2)=0$이다.

$g_2(2)=-12-4a+b=0$

$\therefore\ b=4a+12$

함수 $g_2(x)$는 $x>2$일 때, $g_2(x)<0$이므로

$x<2$일 때, $f'(x)<0$이다.

따라서 구간 $[2, \infty)$에서 감소한다.

이제 $x \le 2$일 때, $f'(x) \ge 0$가 되도록 하면 된다.

(i) ㉠에서 $0<$ 축 ≤ 2일 때,

즉, $0<-\frac{a}{3} \le 2$에서 $-6 \le a<0$일 때

$x<2$에서 $f'(x)$의 최솟값은 $f'(0)=b$이다.

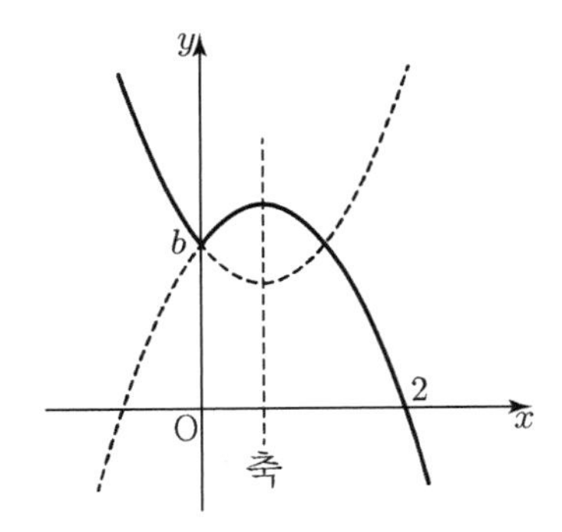

따라서 $b \ge 0$이면 된다.

$4a+12 \ge 0$에서 $a \ge -3$이다.

그러므로 $-3 \le a<0$

(ii) ㉠에서 축 ≤ 0일 때,

즉, $-\frac{a}{3} \le 0$에서 $a \ge 0$일 때

$x<2$에서 $f'(x)$의 최솟값은 함수 $g_1(x)$의 최솟값이다.

따라서 방정식 $g_1(x)=0$의 실근이 없거나 중근을 가지면 된다.

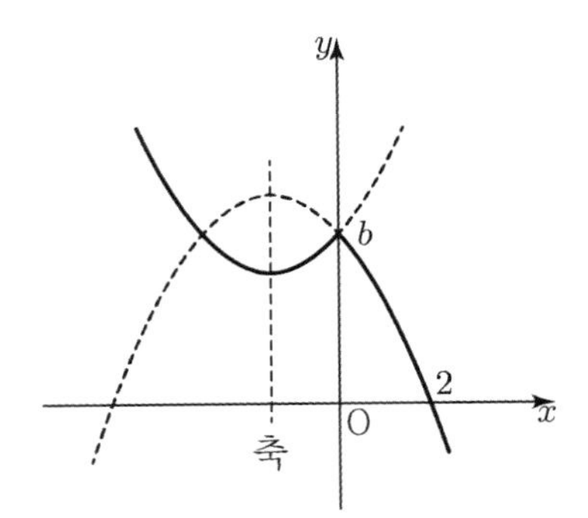

$D/4=a^2-3b \le 0$

$a^2-3(4a+12) \le 0$

$a^2-12a-36 \le 0$

$6-6\sqrt{2} \le a \le 6+6\sqrt{2}$

그러므로 $0 \le a \le 6+6\sqrt{2}$

(i), (ii)에서 $-3 \le a \le 6+6\sqrt{2}$ …㉡

한편,

$f(1)=-1-a+b+c$

$=-1-a+(4a+12)+c$

$=3a+11+c$

㉡에서

$-3 \le a \le 6+6\sqrt{2}$

$-9 \le 3a \le 18+18\sqrt{2}$

$2 \le 3a+11 \le 29+18\sqrt{2}$

$2+c \le f(1) \le 29+18\sqrt{2}+c$이다.

$M=29+18\sqrt{2}+c$, $m=2+c$이므로

$M-m=27+18\sqrt{2}=9(3+2\sqrt{2})$

089.

정답_③

두 곡선 $y=a^2x^3+4x$ 와 $y=4ax^2-t$의 서로 다른 교점의 개수가 2이상 이기 위해서는

$a^2x^3+4x=4ax^2-t$에서 방정식

$a^2x^3-4ax^2+4x+t=0$의 서로 다른 실근의 개수가 2이상이면 된다.

$g(x)=a^2x^3-4ax^2+4x+t$이라 할 때,

$g'(x)=3a^2x^2-8ax+4$

$=(ax-2)(3ax-2)$

$g'(x)=0$의 해는 $x=\frac{2}{a}$ 또는 $x=\frac{2}{3a}$

$a>0$에서 $\frac{2}{3a}<\frac{2}{a}$이므로 삼차함수 $g(x)$는 $x=\frac{2}{3a}$에서

극대, $x=\frac{2}{a}$에서 극소이다.

$g\left(\frac{2}{a}\right)\times g\left(\frac{2}{3a}\right) \le 0$이면 조건을 만족시킨다.

$g\left(\frac{2}{a}\right)=\frac{8}{a}-\frac{16}{a}+\frac{8}{a}+t=t$

$g\left(\frac{2}{3a}\right)=\frac{8}{27a}-\frac{16}{9a}+\frac{8}{3a}+t=\frac{32}{27a}+t$

그러므로

$t\left(t+\frac{32}{27a}\right) \le 0$

$-\frac{32}{27a} \le t \le 0$

$f(a)=-\frac{32}{27a}$

$f(16)=-\frac{2}{27}$, $f(32)=-\frac{1}{27}$

$\therefore\ f(16)+f(32)=-\frac{1}{9}$

090.

정답_④

[그림 : 배용제T]

$x^4-8x^3+16x^2+a=k$에서

$f(x)=x^4-8x^3+16x^2+a$라 하면

$f(x)=x^2(x-4)^2+a$이고 다음 그림과 같이 극댓값은

$f(2)=16+a$이고 $f(3)=9+a$이다.

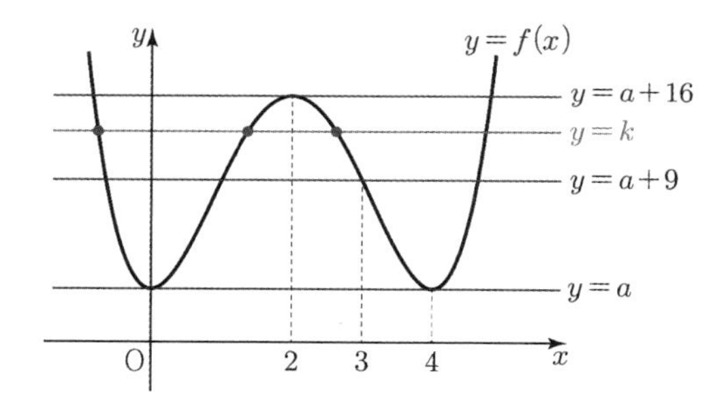

따라서

실근 중에서 3보다 크지 않은 실근의 개수가 3이 되기 위해서는

$9+a \le k < 16+a$이어야 한다.

따라서 자연수 k의 개수는 7이고 가장 작은 자연수는 $9+a$, 가장 큰 자연수는 $15+a$이다.

따라서 모든 자연수 k의 합은

$\frac{7\{(9+a)+(15+a)\}}{2}=140$

$7(a+12)=140$

$\therefore\ a=8$

091.

정답_20

삼차함수 $f(x)$의 최고차항의 계수가 1이고 조건 (나)에서 곡선 $y=f(x)$는 $x=2$에서 접하므로 상수 k에 대하여 함수 $f(x)$를

$f(x)=(x-2)^2(x+k)$ ⋯ ㉠

로 놓을 수 있다.

조건 (가)에서 $f(0)=8$이므로 ㉠에서

$f(0)=4k=8$

$\therefore\ k=2$

따라서 $f(x)=(x-2)^2(x+2)$이고, 닫힌구간 $[0,\ 2]$에서 $y \ge 0$이므로 구간 $[0,\ \infty)$에서 곡선 $y=f(x)$와 x축 및 y축으로 둘러싸인 부분의 넓이는

$\int_0^2 |f(x)|dx$

$=\int_0^2 (x-2)^2(x+2)dx$

$=\int_0^2 (x^2-4x+4)(x+2)dx$

$=\int_0^2 (x^3-2x^2-4x+8)dx$

$=\left[\frac{1}{4}x^4-\frac{2}{3}x^3-2x^2+8x\right]_0^2$

$=4-\frac{16}{3}-8+16$

$=\frac{20}{3}$

따라서 $S=\frac{20}{3}$이므로 $3S=20$이다.

092.

정답_①

(가)에서 다항함수 $f(x)$는 사차함수이고 최고차항의 계수는 $\frac{1}{2}$이다.

(다)에서 $f'(2)=f(2)=0$이므로 $y=f(x)$는 $(x-2)^2$이라는 인수를 갖는다.

(나)와 (다)의 $f'(-1)=0$을 만족시키는 경우는 다음과 같이 3가지 경우가 있다.

(i) 함수 $f(x)$가 $x=2$에서 삼 중근을 갖고, $x=-1$에서 극솟값을 갖는 경우

사차함수의 비율 관계에 의해 접하는 곳 기준 3:1이 되는 점에서 극솟값을 가지므로

$x=-2$도 해가 됨을 알 수 있다. 따라서

$f(x)=\frac{1}{2}(x+2)(x-2)^3$이다.

$\therefore\ f(0)=\frac{1}{2}\times 2\times(-8)=-8$

(ii) 방정식 $f(x)=0$가 $x=-1$과 $x=2$가 각각 중근일 때,

$$f(x)=\frac{1}{2}(x+1)^2(x-2)^2$$

$$\therefore\ f(0)=\frac{1}{2}\times1\times4=2$$

(iii) 함수 $f(x)$가 $x=-1$에서 양의 극댓값을 갖고,
$x=2$을 중근으로 갖는 경우
사차함수 비율에서 $f(-4)=0$이 되고, $x=-4$가
중근이어야 하므로

$$f(x)=\frac{1}{2}(x+4)^2(x-2)^2$$

$$\therefore\ f(0)=\frac{1}{2}\times16\times4=32$$

(i)~(iii)에서 $f(0)$의 최댓값을 32, 최솟값은 -8이다.
따라서 최댓값과 최솟값의 합은 24이다.

093.

정답_4

역함수가 존재하는 삼차함수 $f(x)=x^3-ax^2+12x-5$의 역함수를 $g(x)$라 하자. 양수 a가 최솟값을 가질 때,
$\int_2^4 g(x)dx$의 값을 구하시오.

함수 $f(x)=x^3-ax^2+12x-5$의 도함수는
$f'(x)=3x^2-2ax+12$
이때 삼차함수 $f(x)=x^3-ax^2+12x-5$의 역함수가 존재하려면 극값을 갖지 않아야 한다. 즉, 이차방정식 $f'(x)=0$이 서로 다른 두 실근을 갖지 않아야 하므로 이차방정식 $f'(x)=0$의 판별식을 D라 하면

$$\frac{D}{4}=a^2-36=(a-6)(a+6)\le0$$

$0\le a\le6$ ($\because$ a는 양수)
따라서 a의 최댓값은 6이므로
$f(x)=x^3-6x^2+12x-5$이다.
이 때, $f(1)=2, f(3)=4$ 이다.
따라서

$$\int_2^4 g(x)dx=3\times4-1\times2-\int_1^3 f(x)dx=12-2-\int_1^3(x^3-6x^2+12x-5)dx$$

$$=10-\left[\frac{1}{4}x^4-2x^3+6x^2-5x\right]_1^3=10-6=4$$

094.

정답_217

k에 정수를 대입해보면
$k=0$일 때, $0\le x<2$에서 $g(x)=f(x)$ ⋯㉠
$k=1$일 때, $2\le x<4$에서 $g(x)=f(x-2)+p$
$k=2$일 때, $4\le x<6$에서 $g(x)=f(x-4)+2p$
⋮ ⋮ ⋮
함수 $g(x)$는 삼차함수 $f(x)$을 x축의 방향으로 n만큼, y축의 방향으로 kp만큼 평행이동한 그래프이다.
함수 $g(x)$가 실수 전체의 집합에서 미분가능하기 위해서는
㉠에서 $\lim_{x\to0+}g'(x)=\lim_{x\to2-}g'(x)$이어야 하므로 삼차함수 $f(x)$는 $(1, f(1))$에 대칭이어야 한다.
따라서 다음 그림과 같이 $\int_0^2 f(x)dx=p$이다.

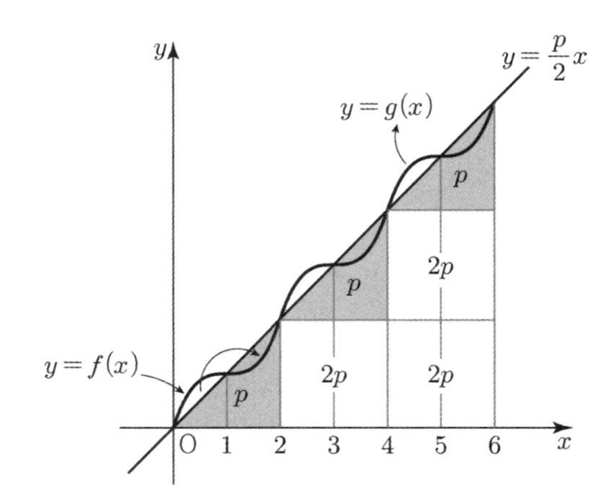

$$\int_0^6 f(x)dx=6p+3p=18$$

$\therefore\ p=2$
따라서 $(0, 0)$과 $(2, p)$을 지나는 직선은 $y=x$이다.
$f(x)-x=x(x-1)(x-2)$
$\therefore\ f(x)=x(x-1)(x-2)+x$
$f(7)=7\times6\times5+7=217$

095.

정답_55

[출제자 : 최성훈T]

$x^2-4<0$ 일 때, $f(x)=-x^2-3x+4$
$x^2-4\ge0$ 일 때, $f(x)=x^2-3x-4$

즉 $f(x)=\begin{cases}-x^2-3x+4 & (-2<x<2)\\ x^2-3x-4 & (x\le-2\ \text{또는}\ x\ge2)\end{cases}$

$y=f(x)$ 와 $y=g(x)$ 가 세 점에서 만나는 경우는 그림과 같이 $g(x)$ 가 $y=-x^2-3x+4$ 와 접할 때거나, $g(x)$ 가 $(-2,\ f(-2))$ 를 지날 때이다.
이때, t 의 값이 t_1 의 값은 $g(x)$ 가 $(-2,\ f(-2))$ 를 지날

때 가진다.

$f(-2)=6$ 이므로 $g(-2)=2+t=6$, 따라서 $t=4$

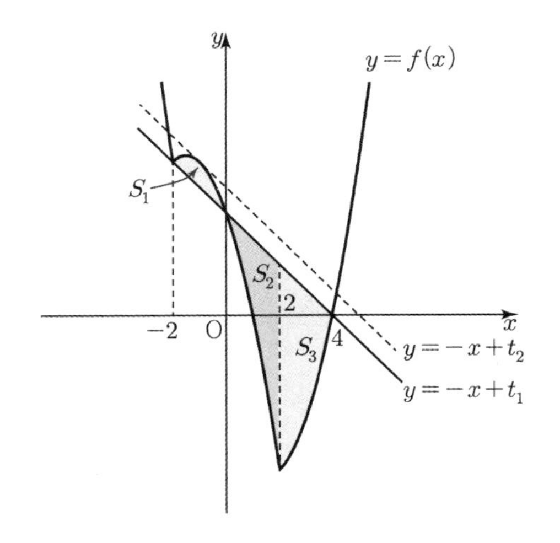

$y=f(x)$ 와 $y=-x+4$ 의 교점을 찾아보면,

$y=-x^2-3x+4$ 와 $y=-x+4$ 에서 $x=-2$ 또는 $x=0$

$y=x^2-3x-4$와 $y=-x+4$ 에서 $x=-2$ 또는 $x=4$

그림에서 S_1, S_2, S_3 부분을 따로 찾아보자.

$$S_1=\int_{-2}^{0}\{(-x^2-3x+4)-(-x+4)\}dx$$

$$=\int_{-2}^{0}(-x^2-2x)dx$$

$$=\frac{4}{3}$$

$$S_2=\int_{0}^{2}\{(-x+4)-(-x^2-3x+4)\}dx$$

$$=\int_{0}^{2}(x^2+2x)dx$$

$$=\frac{20}{3}$$

$$S_3=\int_{2}^{4}\{(-x+4)-(x^2-3x-4)\}dx$$

$$=\int_{2}^{4}(-x^2+2x+8)dx$$

$$=\frac{28}{3}$$

따라서 $S=S_1+S_2+S_3=\dfrac{52}{3}$

$\therefore\ p+q=52+3=55$

096. 정답_4

(i) $0 \le t^2 \le 1$ 즉, $-1 \le t \le 1$이면

$y=|x^2-t^2|$와 직선 $y=2x-2$의 거리는 $x=1$에서

최소이므로 함수 $f(x)$는 $x=1$에서 최솟값을 갖는다.

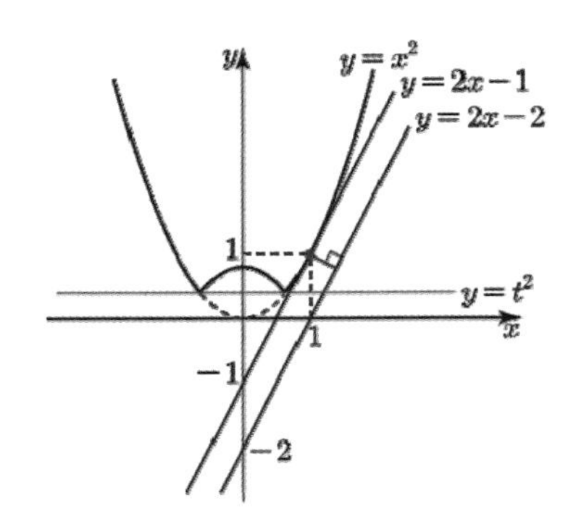

따라서 $f(1)=1-t^2$

$\therefore\ g(t)=1-t^2$

ⓛ $t^2>1$ 즉, $t<-1$ 또는 $t>1$이면

$y=|x^2-t^2|$와 직선 $y=2x-2$의 거리는 $x^2=t^2$에서

최소이므로 함수 $f(x)$는 $x^2=t^2$ 즉, $x=\pm t$에서 최솟값을 갖는다.

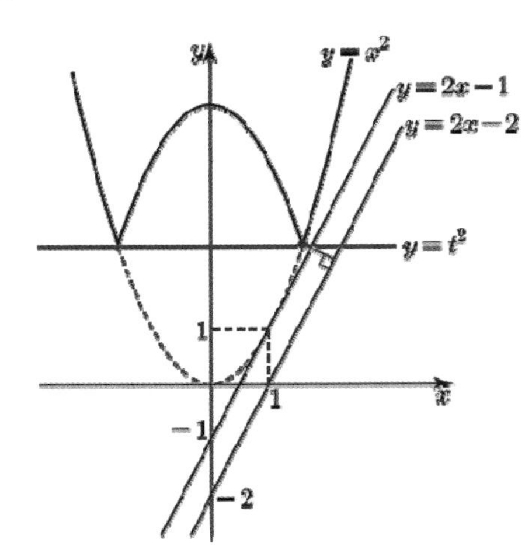

$x \ge 0$이므로 $t>1$일 때는 $f(t)=-2t+2$ 이고 $t<-1$일 때는 $f(-t)=2t+2$이다.

(i), (ii)에서

$$g(t)=\begin{cases}2t+2 & (t<-1)\\ 1-t^2 & (-1\le t\le 1)\\ -2t+2 & (t>1)\end{cases}$$

따라서

$$g'(t)=\begin{cases}2 & (t<-1)\\ -2t & (-1<t<1)\\ -2 & (t>1)\end{cases}$$

그러므로

$g'(-2)-g(2)=2-(-2)=4$

097. 정답_③

[출제자 : 김종렬T] [그림 : 이호진T]

$0 \le x < 2$에서 $f(x) = 2x + C$

$0 \le x < 2$에서 $f(x+2) = -2x - C + 4$

$x+2 = t$로 놓으면 $2 \le t \le 4$일 때,

$f(t) = -2(t-2) - C + 4 = -2t + 8 - C$이므로

즉, $2 \le x < 4$에서 $f(x) = -2x + 8 - C$

$x = 2$에서 $f(x)$가 연속이므로 $C = 0$

또한 (다)조건에 의해 주기가 4인 주기함수이다.

따라서 함수 $f(x)$의 그래프는 아래 그림과 같다.

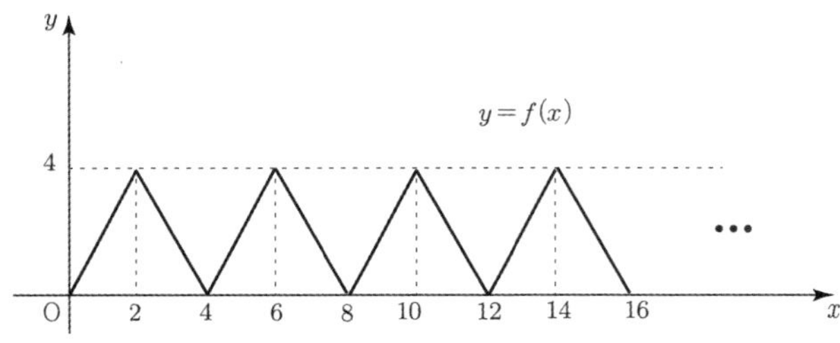

$\therefore \int_1^{51} f(x)dx = \int_0^{52} f(x)dx - \int_0^1 f(x)dx - \int_{51}^{52} f(x)dx$

$= 26\int_0^2 f(x)dx - 2\int_0^1 f(x)dx$

$= 26\int_0^2 2xdx - 2\int_0^1 2xdx$

$= 26[x^2]_0^2 - 2[x^2]_0^1 = 104 - 2 = 102$

또한 $f(23) = f(3) = 2$이므로

$\int_1^{51} f(x)dx - f(23) = 102 - 2 = 100$이다.

098. 정답_39

[그림 : 배용제T]

(나)에서 함수 $f(x)$는 원점 대칭인 함수이고 (다)에서 주기가 2인 함수이다. 따라서 함수 $f(x)$의 그래프는 다음과 같다.

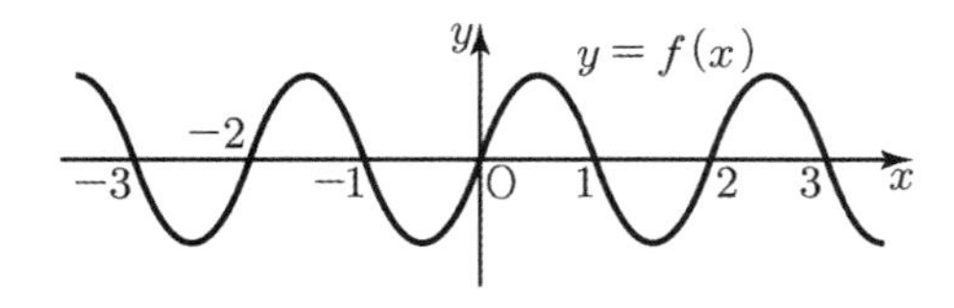

함수 $g(x) = \begin{cases} 0 \\ 1 \end{cases}$ 에 따른 함수 $h(x)$는 $h(x) = \begin{cases} 0 \\ f(x) \end{cases}$ 이다.

$\int_{-2n}^{2n} h(x)dx = n$에서 $n = 1$일 때, $\int_{-2}^{2} h(x)dx = 1$이다.

$\int_0^1 f(x)dx = \int_0^1 (-3x^2 + 3x)dx = \frac{1}{2}$이므로 함수

$h(x)$는 다음 그림과 같다.

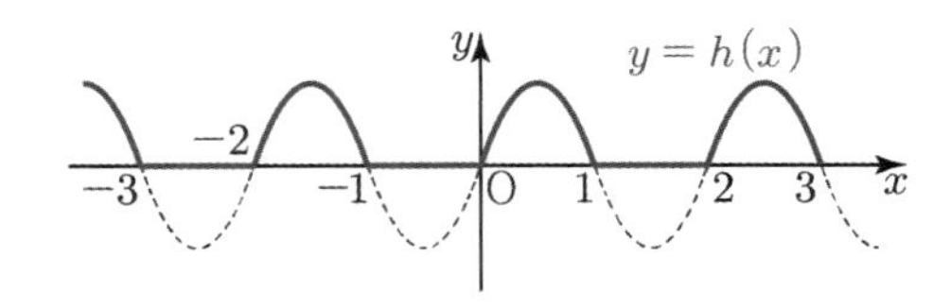

모든 자연수 n에 대하여 $\int_{-2n}^{2n} h(x)dx = n$을 만족시키기

위해서는 함수 $h(x) = \begin{cases} 0 & (f(x) < 0) \\ f(x) & (f(x) \ge 0) \end{cases}$ 이다.

따라서

$xh(x) = \begin{cases} 0 & (f(x) < 0) \\ xf(x) & (f(x) \ge 0) \end{cases}$ 이고 $k(x) = xf(x)$라 하면

$k(-x) = -xf(-x) = -x\{-f(x)\} = xf(x) = k(x)$이므로

자연수 p에 대하여

$\int_{-p-1}^{-p} k(x)dx = \int_p^{p+1} k(x)dx$이다.

즉, $\int_{-2n}^{2n} xh(x)dx = \int_0^{2n} xf(x)dx$이다.

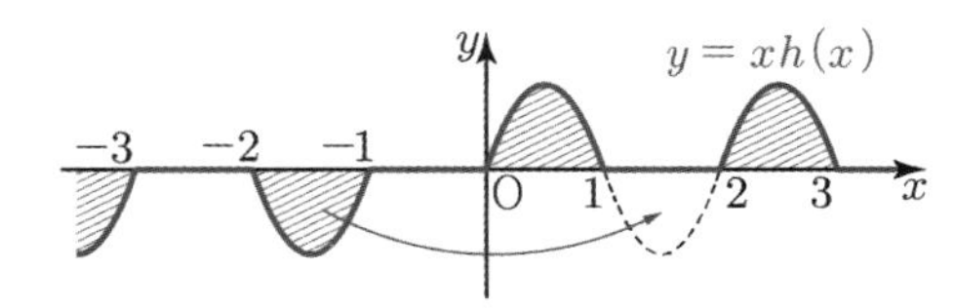

$f_1(x) = -3x^2 + 3x$라 할 때, $\int_0^1 f_1(x)dx = \frac{1}{2}$

$\int_{-2n}^{2n} xh(x)dx$

$= \int_0^{2n} xf(x)dx$

$= \int_0^1 xf(x)dx + \int_1^2 xf(x)dx + \int_2^3 xf(x)dx$

$+ \int_3^4 xf(x)dx + \cdots$

$= \int_0^1 xf_1(x)dx - \int_1^2 xf_1(x-1)dx + \int_2^3 xf_1(x-2)dx$

$- \int_3^4 xf_1(x-3)dx + \cdots$

$= \int_0^1 xf_1(x)dx - \int_0^1 (x+1)f_1(x)dx$

$+ \int_0^1 (x+2)f_1(x)dx - \int_0^1 (x+3)f_1(x)dx + \cdots$

$= \int_0^1 xf_1(x)dx - \int_0^1 xf_1(x)dx - \int_0^1 f_1(x)dx$

$+ \int_0^1 xf_1(x)dx + 2\int_0^1 f_1(x)dx$

$$-\int_0^1 xf_1(x)dx-3\int_0^1 f_1(x)dx+\cdots$$
$$=-\int_0^1 f_1(x)dx-\int_0^1 f_1(x)dx-\cdots$$
$$=-n\int_0^1 f_1(x)dx$$
$$=-\frac{n}{2}$$
$$\sum_{n=1}^{12}\int_{-2n}^{2n} xh(x)dx=\sum_{n=1}^{12}\left(-\frac{n}{2}\right)=-\frac{1}{2}\times\frac{12\times13}{2}=-39$$

그러므로 $\left|\sum_{n=1}^{12}\int_{-2n}^{2n} xh(x)dx\right|=39$이다.

099.

정답_④

(가)에서 분자 $g(-x)+x^3$와 분모 $f(-x)$는 최고차항의 계수비가 4

이어야 하고 두 다항함수 $f(x)$, $g(x)$가 최고차항의 계수가 1이므로 $f(x)=x^2+ax+b$,

$g(x)=x^3+4x^2+cx+d$꼴이어야 한다.

(나)에서 $g(0)=0$이므로 $d=0$

$g(x)=x^3+4x^2+cx$

(다)에서 $g(1)=1+4+c=0$, $c=-5$

$\therefore$

$g(x)=x^3+4x^2-5x=x(x^2+4x-5)=x(x+5)(x-1)$

(나)에서

$\lim_{x\to a}\frac{g(x)}{f(x)}=\lim_{x\to a}\frac{x(x+5)(x-1)}{x^2+ax+b}=0$을 만족시키는 a의 값이 0뿐이기 위해서는

$x^2+ax+b=(x+5)(x-1)$이어야 한다.

따라서 $f(x)=(x+5)(x-1)$

그러므로

$f(0)+g(2)=-5+14=9$

100.

.정답_②

[그림 : 배용제T]

$$g(x)=\begin{cases}f(x) & (x<3)\\ -f(x-3)+3 & (x\ge3)\end{cases}\text{에서}$$

$$g'(x)=\begin{cases}f'(x) & (x<3)\\ -f'(x-3) & (x>3)\end{cases}\text{이고}$$

(가)에서 $g'(0)=0$이므로 $g'(3)=0$이다.

또한 $\lim_{x\to3-}g'(x)=\lim_{x\to3+}g'(x)$에서 $f'(3)=-f'(0)$이므로 $f'(0)=0$이다.

함수 $-f(x-3)+3$은 함수 $f(x)$을 x축 대칭이동한 뒤 x축의 방향으로 3만큼, y축의 방향으로 3만큼 평행이동한 그래프이다. …… ㉠

(가)에서 $g'(x)=0$의 해가 3이므로 $x<3$에서 방정식 $f'(x)=0$의 해가 개수가 1이고, $g'(3)=0$이므로 ㉠에 의하여 $g'(6)=0$이므로 $x>3$에서 방정식 $f'(x)=0$의 해의 개수는 0이어야 한다.

따라서 사차함수 $f(x)$는 사차함수 비율에서 양수 k와 실수 m에 대하여 $f(x)=kx^3(x-4)+m$ 또는 $f(x)=k(x+1)(x-3)^3+m$의 그래프 개형을 갖는다.

(i) $f(x)=kx^3(x-4)+m$일 때,

$x\ge0$에서 함수 $g(x)$의 최댓값은 $g(6)$이므로 (나)조건에 모순이다.

(ii) $f(x)=k(x+1)(x-3)^3+m$일 때,

$x\ge0$에서 함수 $g(x)$의 최댓값은 $g(3)$이다.

따라서 함수 $f(x)$는

$f(x)=k(x+1)(x-3)^3+m$이다.

$$g(x)=\begin{cases}f(x) & (x<3)\\ -f(x-3)+3 & (x\ge3)\end{cases}\text{에서}$$

$g(x)$가 $x=3$에서 연속이므로

$\lim_{x\to3-}g(x)=\lim_{x\to3+}g(x)$이어야 한다.

$\lim_{x\to3-}g(x)=f(3)=m$, $\lim_{x\to3+}g(x)=-f(0)+3$이고

$f(0)=-27k+m$이므로

$m=27k-m+3$

$27k-2m=-3\cdots$㉠

또한

$f(6)=189k+m=9\cdots$㉡

㉠, ㉡에서 $k=\frac{1}{27}$, $m=2$이다.

따라서

$f(x)=\frac{1}{27}(x+1)(x-3)^3+2$이므로 $a=0$, $b=6$이고

함수 $g(x)$의 그래프는 그림과 같다.

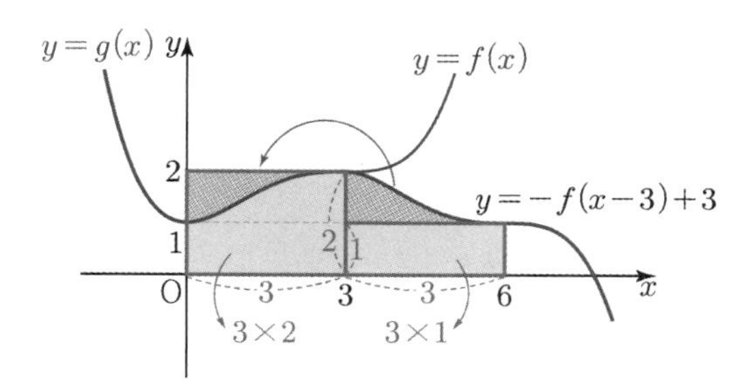

그러므로

$$\int_a^b g(x)dx=\int_0^6 g(x)dx=3\times2+3\times1=9\text{이다.}$$

Type 6. 항등식 해석

101.

.정답_4

(가)에서 $0 < x < 1$에서 $f(x) = x^2 + C$이다.

$\lim_{x \to 0+} f(x) = C$, $\lim_{x \to 1-} f(x) = 1 + C$이고 함수 $f(x)$가 실수 전체의 집합에서 연속이므로 $f(0) = C$, $f(1) = 1 + C$이다.

(나)에서 $\int_a^b f'(x)dx = f(b) - f(a)$,

$\int_{a+1}^{b+1} f'(x)dx = f(b+1) - f(a+1)$이므로

$f(b) - f(a) = f(b+1) - f(a+1)$이다.

즉, $f(a+1) - f(a) = f(b+1) - f(b)$이므로

함수 $f(x+1) - f(x)$의 값이 일정하다.

$x = 0$을 대입하면 $f(1) - f(0) = 1$이다.

따라서 모든 실수 x에 대하여 $f(x+1) - f(x) = 1$을 만족시킨다.

$$\int_0^1 f(x)dx = \int_0^1 (x^2 + C)dx = \left[\frac{1}{3}x^3 + Cx\right]_0^1$$

$= \frac{1}{3} + C$이고

$$\int_1^2 f(x)dx = \int_0^1 \{f(x)+1\}dx = \frac{1}{3} + C + 1$$

같은 방법으로

$$\int_2^3 f(x)dx = \frac{1}{3} + C + 2$$

$$\int_3^4 f(x)dx = \frac{1}{3} + C + 3$$

$$\int_4^5 f(x)dx = \frac{1}{3} + C + 4$$

$$\int_5^6 f(x)dx = \frac{1}{3} + C + 5$$

이다.

그러므로

$$\int_0^6 f(x)dx = 6\left(\frac{1}{3} + C\right) + 15 = 41$$

$2 + 6C = 26$

$\therefore\ C = 4$

따라서 $f(0) = 4$이다.

102.

.정답_①

$f(x) = 3x^2 + a$에 대해 $\int_{-2}^{x} f(t)\,dt = g(x)$라면

$$g(x) = \int_{-2}^{x} (3t^2 + a)dt = x^3 + ax + 2a + 8$$

조건에서 $x \geq 1$인 모든 실수 x에 대해

$g(x) \geq g(2-x)$이므로

$x^3 + ax + 2a + 8 \geq (2-x)^3 + a(2-x) + 2a + 8$

$x^3 + (x-2)^3 + 2a(x-1) \geq 0$

$2x^3 - 6x^2 + 12x - 8 + 2a(x-1) \geq 0$

$(x-1)(x^2 - 2x + 4 + a) \geq 0$

이차함수 $x^2 - 2x + a + 4 = (x-1)^2 + a + 3$

이 $x \geq 1$인 모든 실수 x에 대해 최솟값이 0이상이므로

$a + 3 \geq 0\ \therefore\ a \geq -3$

$f(3) = a + 27 \geq 24$

103.

.정답_⑤

[그림 : 이호진T]

(가)에서 $f(0) = b + 1$이므로

$f(0) = a(-1)(-b) = b + 1$이다.

$\therefore\ ab = b + 1$ …… ㉠

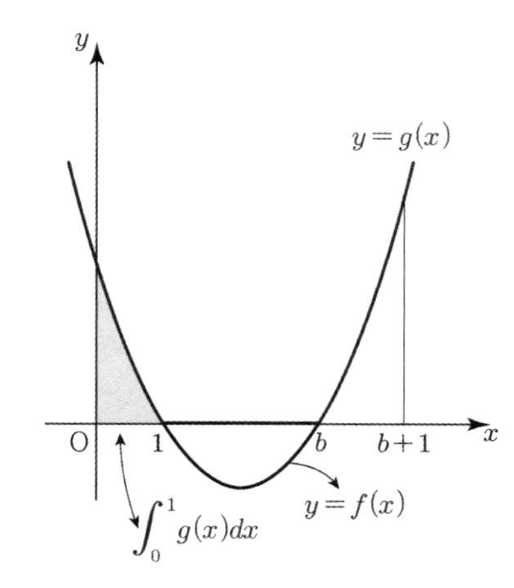

모든 실수 x에 대하여 $g(x) \geq 0$이므로

$\int_{\alpha}^{f(\alpha)} g(x)dx \leq 0$이기 위해서는 $\alpha \geq f(\alpha)$이어야 한다.

$\alpha \geq f(\alpha)$을 만족시키는 모든 실수 α의 값의 집합은 $\{\alpha \mid 1 \leq \alpha \leq 3\}$이므로 $f(3) = 3$이다.

$f(3) = a \times 2 \times (3-b) = 3$

$3a - ab = \frac{3}{2}$

㉠을 대입하면 $3a - b - 1 = \frac{3}{2}$

$\therefore\ a = \frac{b}{3} + \frac{5}{6}$ …… ㉡

㉠, ㉡에서

$\left(\frac{b}{3} + \frac{5}{6}\right)b = b + 1$

$2b^2 + 5b = 6b + 6$

$2b^2 - b - 6 = 0$

$(b-2)(2b+3) = 0$

$\therefore\ b=2\ (\because\ b>1)$

㉠에서 $a=\dfrac{3}{2}$이다.

그러므로 $f(x)=\dfrac{3}{2}(x-1)(x-2)$

$f(6)=\dfrac{3}{2}\times5\times4=30$

104. .정답_19

[그림 : 이정배T]

일차함수 $g(x)$의 기울기를 m이라 하면 $g(0)=2$이므로 $g(x)=mx+2$이다.

(나)에서 곡선 $f(x)$와 직선 $g(x)$는 다음 그림과 같이 $x=-2$에서 한 점에서 만나고 $x=0$에서 접해야 한다.

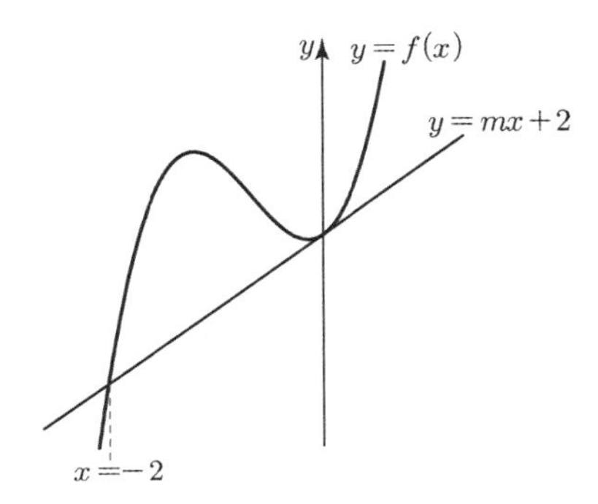

따라서

$f(x)-g(x)=(x+2)x^2$

$\therefore\ f(x)=(x+2)x^2+mx+2$

$g(|x|)=\begin{cases}-mx+2 & (x<0)\\ mx+2 & (x\geq0)\end{cases}$ 이고

(다)에서 $h(x)=\displaystyle\int_0^x\{f(t)-g(|t|)\}dt$라 하면

$h'(x)=f(x)-g(|x|)$에서

$x>0$일 때, $h'(x)>0$이므로

$x<0$일 때, $h'(x)\leq0$이어야 함수 $h(x)$는 $x=0$에서 유일한 극값 0을 가진다.

즉, $x<0$에서 $y=f(x)$와 $y=-mx+2$가 만나지 않거나 한점에서 접해야 한다.

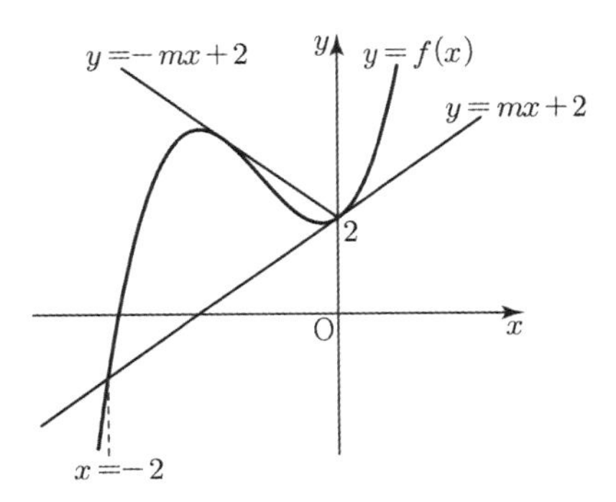

$f(x)-(-mx+2)=(x+2)x^2+mx+2+mx-2$

$=(x+2)x^2+2mx$

$=x(x^2+2x+2m)$

$x^2+2x+2m=0$의 실근의 개수가 1이하여야 한다.

따라서

$\dfrac{D}{4}=1-2m\ \leq\ 0$

$\therefore\ m\ \geq\ \dfrac{1}{2}$

$f(x)=(x+2)x^2+mx+2$에서

$f(2)=16+2m+2=18+2m\ \geq\ 19$

그러므로 $f(2)$의 최솟값은 19이다.

105. .정답_40

[그림 : 최성훈T]

$f(0)=0$이므로 (가)에서 $f(x)=f(0)+xf'(g(x))$이므로

$\dfrac{f(x)-f(0)}{x}=f'(g(x))$이다.

$\displaystyle\lim_{x\to0}\frac{f(x)-f(0)}{x}=\lim_{x\to0}f'(g(x))$

$f'(0)=f'(g(0))\ \cdots$㉠

$g(0)\ \geq\ 3$이므로 $g(0)\neq0$이다.

$\dfrac{f(x)-f(0)}{x}=f'(g(x))$에서 $\dfrac{f(x)-f(0)}{x}$는 $(x,\ f(x))$와 $(0,\ 0)$을 지나는 직선의 기울기다.

그림과 같이 $g(x)$의 최솟값이 3이므로 $(x,\ f(x))$와 $(0,\ 0)$을 지나는 직선의 기울기는 $(3,\ f(3))$과 $(0,\ 0)$을 지나는 직선의 기울기가 가장 작아야 한다.

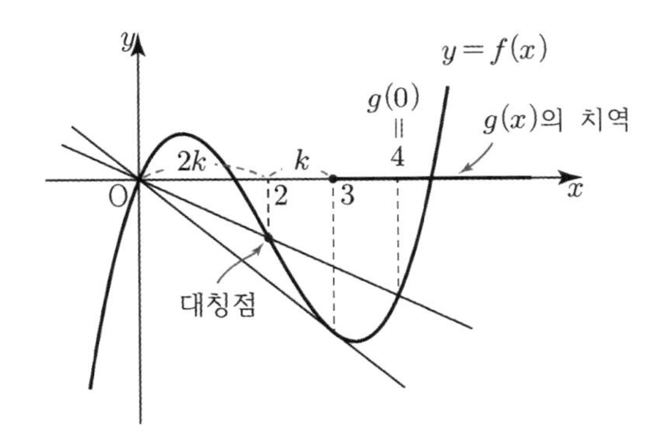

삼차함수 비율에서 삼차함수 $f(x)$는 $(2,\ f(2))$에 대칭인 함수이다.

따라서 ㉠에서 $g(0)=4$이다.

그러므로 $f(x)=x(x-2)(x-4)+ax$라 할 수 있다.

(다)에서

$\displaystyle\int_0^{g(0)}\frac{f(x)}{x}dx$

$=\int_{0}^{4}\{(x-2)(x-4)+a\}dx$

$=\int_{0}^{4}(x^2-6x+8+a)dx$

$=\left[\frac{1}{3}x^3-3x^2+(8+a)x\right]_0^4$

$=\frac{64}{3}-48+32+4a=0$

$4a=-\frac{16}{3}$

$\therefore\ a=-\frac{4}{3}$

$f(x)=x(x-2)(x-4)-\frac{4}{3}x$

따라서 $f(6)=6\times4\times2-8=40$

106.

.정답_②

$-2\le x\le 1$에서

$F'(x)=f(x)=x^2+k$이고

$F(1)-F(-2)=0$

$\int_{-2}^{1}f(x)dx=\int_{-2}^{1}(x^2+k)dx=0$

$\left[\frac{1}{3}x^3+kx\right]_{-2}^{1}=\left(\frac{1}{3}+k\right)-\left(-\frac{8}{3}-2k\right)=3k+3=0$

$\therefore\ k=-1$

따라서 $f(x)=x^2-1$

$F(x)=\frac{1}{3}x^3-x+C$

$F(1)=-\frac{2}{3}+C$에서

$F(x)-F(1)=\frac{1}{3}x^3-x+\frac{2}{3}=\frac{1}{3}(x+2)(x-1)^2$

모든 실수 x에 대하여 $F(x+3)=F(x)$가 성립하므로 함수 $F(x)$는 주기가 3인 함수이다.

따라서

$\int_{2k}^{-10k}\{F(x)-F(1)\}dx$

$=\int_{-2}^{10}\{F(x)-F(1)\}dx$

$=\int_{-2}^{1}\{F(x)-F(1)\}dx+\int_{1}^{4}\{F(x)-F(1)\}dx$

$+\int_{4}^{7}\{F(x)-F(1)\}dx+\int_{7}^{10}\{F(x)-F(1)\}dx$

$=4\times\int_{-2}^{1}\{F(x)-F(1)\}dx$

$=4\times\int_{-2}^{1}\left\{\frac{1}{3}(x+2)(x-1)^2\right\}dx$

$=4\times\frac{\frac{1}{3}\times3^4}{12}=9$

랑데뷰 팁

삼차함수 비율에서 상수 l에 대하여

$F(x)=\frac{1}{3}(x+2)(x-1)^2+l$라 할 수 있다.

107.

.정답_⑤

(가)에 의하여 1, 2, 3이 방정식 $f(x)-x^2+x=0$의 세 근이므로

$f(x)-x^2+x=a(x-1)(x-2)(x-3)$ (a는 정수)로 놓을 수 있다.

$f(x)=a(x^3-6x^2+11x-6)+x^2-x$

$f'(x)=a(3x^2-12x+11)+2x-1$

$\qquad=3ax^2+(2-12a)x+11a-1$

(나)에 의하여 $f(x)$는 증가함수이므로 $a>0$이고

$D/4=(6a-1)^2-3a(11a-1)$

$\quad=3a^2-9a+1\le0$

$\frac{9-\sqrt{69}}{6}\le a\le\frac{9+\sqrt{69}}{6}$

$f(x)=a(x-1)(x-2)(x-3)+x^2-x$에서

$f(4)=6a+12$

$f(4)$가 최소이려면 a값이 최소이어야 하므로

위의 부등식을 만족시키는 최소의 자연수 a를 구하면

$a=1$

$(\because\ 8<\sqrt{69}<9)$

$f(4)\le18$

108.

.정답_⑤

$f(x)=x^3-\frac{3}{2}x^2+\frac{11}{4}x+k$

$f'(x)=3x^2-3x+\frac{11}{4}=3\left(x-\frac{1}{2}\right)^2+2$이고

임의의 실수 a, b에 대해, $\frac{f(b)-f(a)}{b-a}>2\ge k$이다.

$f(4)=51+k\le53$이다.

109.

.정답_②

(가)의 양변에 4을 더하고 정리하면

$\{f(x)-2\}^2=a(x-1)^4+2a(x-1)^2+b+4$ ⋯㉠

㉠의 양변에 $x=0$을 대입하면

$\{f(0)-2\}^2=3a+b+4$

㉠의 양변에 $x=2$을 대입하면

$\{f(2)-2\}^2=3a+b+4$

(나)에서 $f(0)-2=f(2)$이므로

$\{f(2)\}^2=\{f(2)-2\}^2$에서

$f(2)=1$이다.

그러므로 $f(0)=3$이고 $3a+b=-3$이다. …㉡

㉠의 우변을 $g(x)$라 하면

$\{f(x)-2\}^2=g(x)$이므로 모든 실수 x에 대하여

$g(x) \geq 0$이다.

$f(0)=3$, $f(2)=1$이므로 사잇값 정리에 의하여 $f(c)=2$인

c가 구간 $(1, 3)$에 적어도 하나 존재한다. 따라서

$g(c)=0$인 c가 존재하므로 $g'(c)=0$이다.

$g(x)=a(x-1)^4+2a(x-1)^2+b+4$에서

$g'(x)=4a(x-1)^3+4a(x-1)$

$=4a(x-1)\{(x-1)^2+1\}$

$=4a(x-1)(x^2-2x+2)$

$g'(x)=0$의 해는 $x=1$뿐이고 $a>0$이므로 함수 $g(x)$는

$x=1$에서 극소이자 최솟값을 갖는다. 따라서 $c=1$이다.

그러므로 $f(1)=2$

㉠의 양변에 $x=1$을 대입하며

$0=b+4$

따라서 $b=-4$

㉡에서 $a=\frac{1}{3}$이다.

그러므로 $a\times b=-\frac{4}{3}$이다.

다른 풀이 - 김가람T

$(f(x)-2)^2=a(x-1)^4+2a(x-1)^2+b+4$

$(x-2)^2 \circ f(x)=(ax^2+2ax+b+4)\circ(x-1)^2$이고

좌변이 $x=1$에 대칭인 함수이므로 우변도 $x=1$에

대칭되어야 한다.

합성함수 대칭성에 의해

$f(g(x))$에서 $g(x)$가 $x=p$대칭이면 $f(g(x))$는

$x=p$대칭이고

$g(x)$가 (a,b)대칭이면 $f(x)$가 $x=b$대칭일 때

$f(g(x))$는 $x=a$대칭

$f(x)$가 $(b,f(b))$대칭일 때 $f(g(x))$는 $(a,f(b))$대칭이다.

우변이 $x=1$에 대칭이 되기 위해선 $f(x)$가

$x=1$대칭이거나 $(1,2)$대칭함수 중 하나다.

$x=1$대칭이면 $f(0)=f(2)$이어서 (나)를 위배한다.

따라서 $f(x)$는 $(1,2)$대칭함수이고 연속함수이기 때문에

$f(1)=2$이다.

따라서 (가)에 $x=1$을 대입하면 $b=-4$이고

(나)에 의해 $f(0)=3, f(2)=1$이다. (왜냐하면

$f(1)=2$이고 $f(0)=f(2)+2$이므로)

$f(0)=3$이므로 (가)에 $x=0$을 대입하면

$1=a+2a$이므로 $a=\frac{1}{3}$이다

따라서 $ab=-\frac{4}{3}$

110.

.정답_8

[그림 : 강민구T]

(가)에서 $x=1$을 대입하면

$|f'(1)-2|=a+b+1$

(가)에서 $x=3$을 대입하면

$|f'(3)-2|=a+b+1$

$|f'(1)-2|=|f'(3)-2|$

에서 $f'(1)=f'(3)$ 또는 $f'(1)+f'(3)=4$

(나)와 연립방정식을 풀면

$f'(1)=5$, $f'(3)=-1$이고 $a+b=2$…㉠

한편, $g(x)=a(x-2)^2+b$라 하면

모든 실수 x에 대하여 $g(x) \geq 0$이다.

사잇값 정리에 의해 $f'(c)=2$인 c가 구간 $(1, 3)$에 적어도

하나 존재하므로 $g(c)=0$인 c가 $1<c<3$에 존재한다.

따라서 $g'(c)=0$이다.

$g'(x)=2a(x-2)$

$g'(x)=0$의 해가 $x=2$이므로 $c=2$이다.

따라서 $f'(2)=0$이다.

(가)에서 $x=2$을 대입하면

$0=b+1$

$b=-1$이다.

㉠에서 $a=3$이다.

따라서 $f(a-b)=f(4)$이다.

$|f'(x)-2|=3(x-2)^2$

따라서 $f'(x)=3(x-2)^2+2$ 또는 $f'(x)=-3(x-2)^2+2$

(나)를 만족시키기 위해서는 함수 $f'(x)$는

$$f'(x)=\begin{cases}3(x-2)^2+2 & (x<2)\\ -3(x-2)^2+2 & (x>2)\end{cases}$$ 이어야 한다.

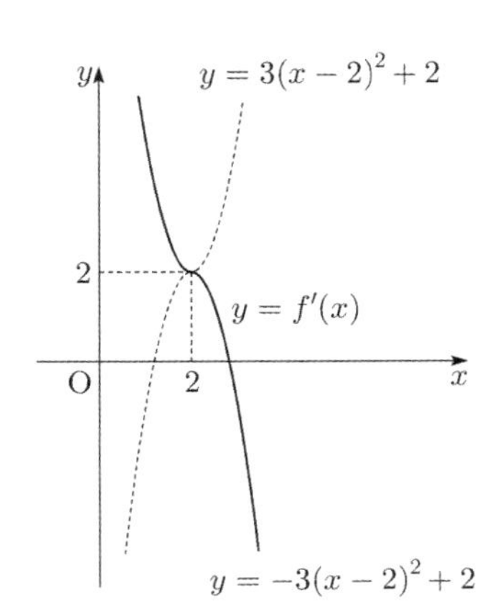

$f(a-b)=f(4)$이고 $f(0)=0$이므로

$f(4)-f(0)=\int_0^4 f'(x)dx$

$=\int_0^4 f'(x)dx$

$=\int_0^2 \{3(x-2)^2+2\}dx+\int_2^4 \{-3(x-2)^2+2\}dx$

$=\left[\ (x-2)^3+2x\ \right]_0^2+\left[\ -(x-2)^3+2x\ \right]_2^4$

$=(4+8)+(0-4)$

$=12-4=8$

111.

.정답_②

삼차함수 $f(x)$에 대하여 방정식 $f(x)-nx=0$은 실근 0, 1, 2이므로 $f(x)-nx=ax(x-1)(x-2)$라고 할 수 있다.

즉, $f(x)=ax(x-1)(x-2)+nx$

$\int_x^{x+2} g(t)dt=2nx+2n$에서 양변을 x에 관하여 미분하면

$g(x+2)-g(x)=2n$이다.

즉, $g(x+2)=g(x)+2n$

$g(15)=g(13)+2n$

$g(13)=g(11)+2n$

$g(11)=g(9)+2n$

$g(9)=g(7)+2n$

$g(7)=g(5)+2n$

$g(5)=g(3)+2n$

$g(3)=g(1)+2n$

따라서

$g(15)=g(1)+14n=f(1)+14n=n+14n=15n$

$15n=40$

에서 $n=\frac{8}{3}$이다.

112.

.정답_33

[출제자 : 오세준T]

조건(가)에서 $x=1$을 대입하면

$0=2f(1)-4-4$이므로 $f(1)=4$

조건(가)의 양변을 미분하면

$\int_1^x f'(t)\,dt+xf'(x)+xf'(x)=2f(x)+2xf'(x)-8x$

$\int_1^x f'(t)\,dt=2f(x)-8x$

$f(x)-f(1)=2f(x)-8x$

$\therefore\ f(x)=8x-4$

$\therefore\ F(x)=4x^2-4x+C_1$($C_1$은 적분상수) ⋯ ㉠

조건(나)에서 $f(x)=F'(x)$이므로

$f(x)g(x)+F(x)g'(x)$

$=F'(x)g(x)+F(x)g'(x)$

$=\{F(x)g(x)\}'$

이므로

$F(x)g(x)=8x^4-4x^3-x+C_2$(C_2는 적분상수)

㉠에 의해

$(4x^2-4x+C_1)g(x)=8x^4-4x^3-x+C_2$

이므로 $g(x)=2x^2+x+C_3$(C_3는 상수)

$\therefore\ \int_1^4 g'(x)\,dx=\left[g(x)\right]_1^4$

$=\left[2x^2+x+C_3\right]_1^4$

$=(32+4+C_3)-(2+1+C_3)$

$=33$

113.

.정답_4

$\lim_{t\to a+} f(t)=\alpha,\ \lim_{t\to a-} f(t)=\beta$라 하자.

$f(x)=\begin{cases} -x^2+\alpha & (x<a) \\ 8x-\beta & (x\ge a) \end{cases}$ 에서

$\lim_{x\to a-} f(x)=\beta=-a^2+\alpha$ ⇨ $\alpha-\beta=a^2$

$\lim_{x\to a+} f(x)=\alpha=8a-\beta$ ⇨ $\alpha+\beta=8a$

따라서 $\alpha=\frac{a^2}{2}+4a,\ \beta=-\frac{1}{2}a^2+4a$이다. ⋯㉠

$|f(x)-x+1|=\begin{cases} \left|-x^2-x+1+\frac{a^2}{2}+4a\right| & (x<a) \\ \left|7x+1+\frac{1}{2}a^2-4a\right| & (x\ge a) \end{cases}$ 가

$x=a$에서 연속이므로

$\left|-a^2-a+1+\frac{1}{2}a^2+4a\right|=\left|7a+1+\frac{1}{2}a^2-4a\right|$

$\left|-\frac{1}{2}a^2+3a+1\right|=\left|\frac{1}{2}a^2+3a+1\right|$

(i) $-\frac{1}{2}a^2+3a+1=\frac{1}{2}a^2+3a+1$

$a^2=0$에서 $a=0$ (모순)

(ii) $-\frac{1}{2}a^2+3a+1=-\frac{1}{2}a^2-3a-1$

$6a=-2$

따라서 $a=-\frac{1}{3}$이다.

$p=3,\ q=1$이므로 $p+q=4$이다.

114.

.정답_4

(가)에서 양변 적분하면

$F(x)G(x)=x^4-x^3-x^2-x+C\cdots$ ㉠ 이고

$\lim_{x\to\infty}\frac{F(x)}{G(x)}$의 값이 존재하므로 (나)조건에 의해 함수 $F(x)$는 일차함수이고 $G(x)$는 삼차함수이다.

$F(0)=-1$이므로 $F(x)=ax-1\ (a\neq 0)$라 두면

$F'(x)=f(x)=a$에서 $f(0)=a$이므로 $g(0)=\frac{1}{a}$이다.

따라서

$G(x)=\frac{1}{a}x^3+bx^2+\frac{1}{a}x+c$라 할 수 있다.

따라서

$$F(x)G(x)=(ax-1)\left(\frac{1}{a}x^3+bx^2+\frac{1}{a}x+c\right)$$
$$=x^4+\left(ab-\frac{1}{a}\right)x^3+(1-b)x^2+\left(ac-\frac{1}{a}\right)x-c\cdots ㉡$$

㉠, ㉡에서

$1-b=-1$이므로 $b=2$

$ab-\frac{1}{a}=-1$에서 $b=2$이므로 $2a-\frac{1}{a}=-1$

$2a^2+a-1=0$

$(2a-1)(a+1)=0$

$\therefore\ a=\frac{1}{2}$ 또는 $a=-1$

$a=-1$이면 $F(x)$의 계수와 $G(x)$의 계수가 모두 -1이므로 모순이다.

따라서 $a=\frac{1}{2}$

$ac-\frac{1}{a}=-1$에서 $a=\frac{1}{2}$이므로 $\frac{1}{2}c-2=-1$

$\frac{1}{2}c=1$

$\therefore\ c=2$

따라서

$F(x)=\frac{1}{2}x-1,\ G(x)=2x^3+2x^2+2x+2$

그러므로 $F(3)\times G(1)=\frac{1}{2}\times 8=4$

115.

.정답_1

두 다항함수 $f(x)$, $g(x)$의 부정적분 중 하나를 각각 $F(x)$, $G(x)$라 하면

$\int_a^b f(x)dx>\int_a^b g(x)dx$에서

$F(b)-F(a)>G(b)-G(a)$

$F(b)-G(b)>F(a)-G(a)$이다.

$H(x)=F(x)-G(x)$라 하면 함수 $H(x)$는 $x>0$에서 증가함수이다.

따라서

$H'(x)=f(x)-g(x)$

$\quad=x^3-x^2-x+k$

$m(x)=x^3-x^2-x+k$라 할 때, 함수 $m(x)$는 $x>0$에서 최솟값이 0이상이어야 한다.

$m'(x)=3x^2-2x-1=(x-1)(3x+1)$

$m'(x)=0$의 해가 $x=-\frac{1}{3}$, $x=1$이므로

$x=1$에서 극솟값을 가진다.

따라서 $m(1)\ \geq\ 0$이어야 한다.

$m(1)=-1+k\ \geq\ 0$

$\therefore\ k\ \geq\ 1$

116.

.정답_31

$\{xf(x)\}'=f(x)+xf'(x)$이므로 조건 (나)에서

$\{xf(x)\}'=3x^2-6x+4+g'(x)$

$xf(x)=x^3-3x^2+4x+g(x)+C$ (C는 적분상수) …… ㉠

㉠ 의 양변에 $x=0$을 대입하면

$0=g(0)+C$

조건 (가)에서 $g(0)=0$이므로 $C=0$

또 조건 (가), (다)에 의하여 삼차항의 계수가 1인 삼차함수 $g(x)$는 $g(x)=x(x-p)^2$

으로 놓을 수 있으므로 이를 ㉠에 대입하면

$xf(x)=x^3-3x^2+4x+x(x-p)^2$

$f(x)$는 다항함수이므로

$f(x)=x^2-3x+4+(x-p)^2$

조건 (가)에서 $f(1)=3$이므로

$f(1)=1-3+4+(1-p)^2=3$에서

$p^2-2p=0,\ p(p-2)=0$

$p\neq 0$이므로 $p=2$

따라서 $f(x)=x^2-3x+4+(x-2)^2$이므로

$f(x)=2x^2-7x+8$ 이고 $6\int_0^1 f(x)dx=31$

117.

.정답_①

(나)에서 모든 실수 x에 대하여 삼차함수 $f(x)$는

$x\ \geq\ 0$일 때 $f(x)\ \geq\ x+1$

$x<0$일 때, $f(x)\leq\ x+1$

이 성립하고

(가)에서 $f(-1)=0$이므로 함수 $f(x)$는 $x=-1$에서 직선 $y=x+1$에 접해야 하므로 그래프 개형은 다음과 같다.

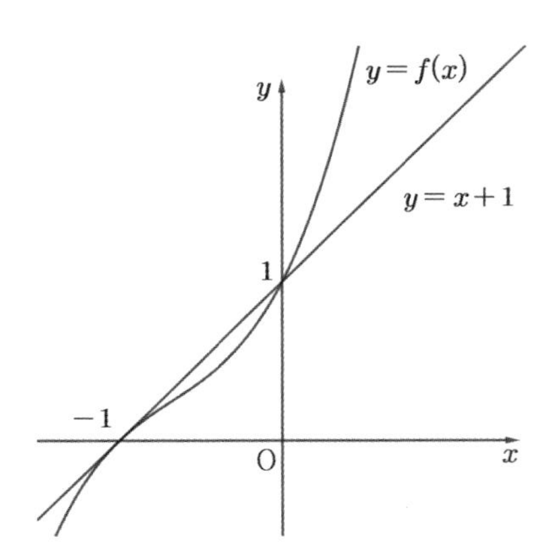

따라서 $f(x)-x-1=(x+1)^2x$

$f(x)=(x+1)^2x+(x+1)$

$=(x+1)(x^2+x+1)$이다.

$f(2)=3\times 7=21$

118.

.정답_④

[출제자: 조남웅] [그림 : 최성훈T]

방정식 $\dfrac{8x+16}{2x+1}=-4x \Rightarrow 8x+16=-8x^2-4x$

$\Rightarrow 2x^2+3x+4=0$

은 실근을 갖지 않으므로 ($\because$ $D<0$) $f(x)$는 $x=a$에서 불연속 ⋯ ㉠ 이다.

한편, $g(x)$는 연속함수 $\Rightarrow \{g(x)\}^2-4g(x)$가 연속함수

$\Rightarrow \{f(x)\}^2-4f(x)$가 연속함수

이므로 $\lim\limits_{x\to a-}f(x)=f(a-)$, $\lim\limits_{x\to a+}f(x)=f(a+)$라 하면

$\{f(a-)\}^2-4f(a-)=\{f(a+)\}^2-4f(a+)$

$\Rightarrow \{f(a-)-f(a+)\}\{f(a-)+f(a+)-4\}=0$

$\Rightarrow f(a-)+f(a+)=4$ ($\because$ ㉠ $\Rightarrow f(a-)\neq f(a+)$)

$\Rightarrow \dfrac{8a+16}{2a+1}-4a=4$

$\Rightarrow (2a+3)(a-1)=0$

$\Rightarrow a=1$ ($\because a>0$)

이다. 또한,

$\{g(x)\}^2-4g(x)=\{f(x)\}^2-4f(x)$

$\Rightarrow \{g(x)-f(x)\}\{g(x)+f(x)-4\}=0$

$\Rightarrow g(x)=f(x)$ 또는 $g(x)=4-f(x)$

이므로 $\sum\limits_{k=0}^{4}g(k-2)$의 값이 최대일 때는 $x>-\dfrac{7}{2}$에서 곡선 $y=g(x)$가 아래의 세번째 그림의 굵은 실선을 따라갈 때이다.

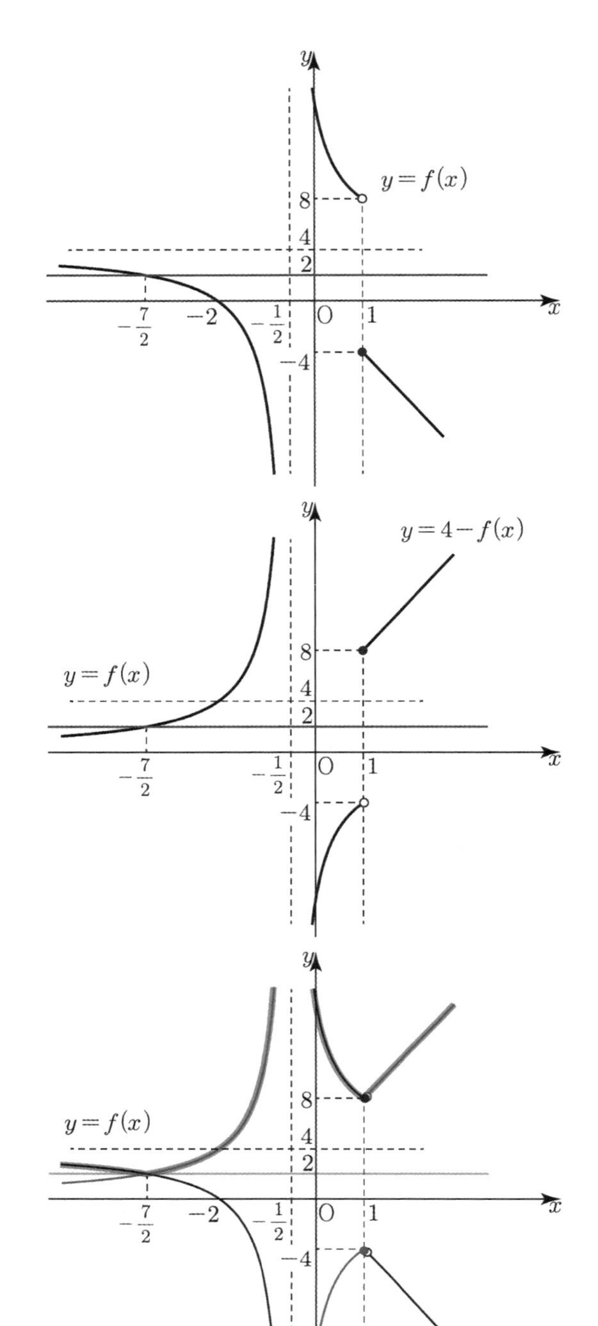

$\therefore \sum\limits_{k=0}^{4}g(k-2) \le 4+12+16+8+12=52$

119.

.정답_①

최고차항의 계수가 1인 삼차함수 $f(x)$가 $f(x)+f(2-x)=8$에서 $(1,\ 4)$에 대칭이므로

$f(x)=(x-1)^3+c(x-1)+4$라 할 수 있다.

$f'(x)=3(x-1)^2+c$에서 $f'(x)\ \ge\ 2$이므로 $c\ \ge\ 2$이다.

$\therefore\ f(x)=(x-1)^3+c(x-1)+4$ ($c\ \ge\ 2$)

$g(x)=f(x)-kx$라 하면
$-2<a<b<2$인 모든 실수 a, b에 대하여
$g(a)>g(b)$이므로 함수 $g(x)$는 열린구간 $(-2, 2)$에서
감소한다.
곧, $-2<x<2$인 모든 실수 x에 대하여 $g'(x) \le 0$이다.
$g'(x)=f'(x)-k=3(x-1)^2+c-k$
이차함수 $g'(x)$의 그래프는 직선 $x=1$에 대하여
대칭이므로 $g'(-2) \le 0$이면 $-2 \le x \le 2$인 모든 실수
x에 대하여 $g'(x) \le 0$을 만족시킨다.
$g'(-2)=27+c-k \le 0$에서 $k \ge 27+c$이다.
$c \ge 2$이므로 k의 최솟값은 29이다.

120.

.정답_5

(나)에서 임의의 정수 k에 대하여

$$\int_0^{k+2} f(t)dt=\int_0^k f(t)dt+a$$

$$\int_0^{k+2} f(t)dt-\int_0^k f(t)dt=a$$

$\int_k^{k+2} f(t)dt=a$이다.

$k=-1$을 대입하면 $\int_{-1}^{1} f(t)dt=a$

$$\int_{-1}^{1}(3t^2+at+b)dt=2\left[\ t^3+bt\ \right]_0^1=a$$

$2+2b=a$ …㉠

$\int_{-6}^{5} f(x)dx=24$에서

$$\int_{-6}^{5} f(x)dx$$

$$=\int_{-6}^{-4} f(x)dx+\int_{-4}^{-2} f(x)dx+\int_{-2}^{0} f(x)dx$$

$$+\int_0^1 f(x)dx+\int_1^3 f(x)dx+\int_3^5 f(x)dx$$

$$=5a+\int_0^1(3x^2+ax+b)dx$$

$$=5a+\left[\ x^3+\frac{a}{2}x^2+bx\right]_0^1$$

$$=\frac{11}{2}a+b+1=24$$

$11a+2b=46$ …㉡

㉠, ㉡에서 $a=4$, $b=1$이다.

$a+b=5$

RENDEZVOUS

R E N
D E Z
V O U S

수능수학 **4점짜리 6가지** 유형

본 교재의 정오표 및 첨부 파일은 atom.ac의 본 교재 페이지에서 다운로드 하실 수 있습니다.